L A Y O U T

D E S [illegible] N

设计"一本通"丛书

版式设计

陈根 编著

電子工業出版社
Publishing House of Electronics Industry
北京 • BEIJING

内容简介

本书针对消费群体的特点，立足市场传播的需求，对版式的编排进行了深入浅出地阐述。全书共5章，介绍了版式设计的意义和设计的流程，将版式设计的基本构成元素——点、线、面和文字、图片、网格作为论述的对象，针对其具体特点和作用进行有效设计；从色彩最基本的理论讲起，并延伸到色彩在版式设计中的具体应用；从常用的版式构图样式、版式构图比例形式、版式设计的视线法则，到提升版面的空间感和整体设计原则进行阐述；精心选择海报招贴、平面广告、封面内页、网页、字体等方面的版式设计案例，图文并茂地解析优秀作品传达的附加价值和版式设计的新趋势。

本书可供产品包装、书籍设计、广告设计等相关领域的创业及从业人员提高设计技能、开阔视野；有助于从事品牌策划宣传、产品推广、市场营销的人员打开创意灵感之门；适合想要从事版面设计相关工作的读者学习使用；可作为高校和培训机构相关专业的教材或教辅资料；普通的读者也可以轻松阅读、理解和接受版面设计的知识。

图书在版编目（CIP）数据

版式设计 / 陈根编著. —北京：电子工业出版社，2021.10
（设计“一本通”丛书）

ISBN 978-7-121-42049-8

I. ①版… II. ①陈… III. ①版式—设计 IV. ① TS881

中国版本图书馆CIP数据核字（2021）第188483 号

责任编辑：秦　聪　　文字编辑：王　炜
印　　刷：河北迅捷佳彩印刷有限公司
装　　订：河北迅捷佳彩印刷有限公司
出版发行：电子工业出版社
　　　　　北京市海淀区万寿路173信箱　邮编：100036
开　　本：720×1000　1/16　印张：13.5　字数：259.2 千字
版　　次：2021 年10 月第1版
印　　次：2021 年10 月第1 次印刷
定　　价：88.00 元

凡所购买电子工业出版社图书有缺损问题，请向购买书店调换。若书店售缺，请与本社发行部联系，联系及邮购电话：(010) 88254888，88258888。

质量投诉请发邮件至 zlts@phei.com.cn，盗版侵权举报请发邮件至 dbqq@phei.com.cn。

本书咨询联系方式：(010) 88254568，qincong@phei.com.cn。

PREFACE 前言

设计是什么呢？人们常常把“设计”一词挂在嘴边，如那套房子装修得不错、这个网站的设计很有趣、那把椅子的设计真好、那栋建筑好另类……即使不懂设计，人们也喜欢说这个词。2017 年，世界设计组织（World Design Organization，WDO）对设计赋予了新的定义：设计是驱动创新、成就商业成功的战略性解决问题的过程，通过创新性的产品、系统、服务和体验创造更美好的生活品质。

设计是一个跨学科的专业，它将创新、技术、商业、研究及消费者紧密联系在一起，共同进行创造性活动，并将需解决的问题、提出的解决方案进行可视化，重新解构问题，将其作为研发更好的产品和建立更好的系统、服务、体验或商业机会，提供新的价值和竞争优势。设计通过其输出物对社会、经济、环境及伦理问题的回应，帮助人类创造一个更好的世界。

由此可以理解，设计体现了人与物的关系。设计是人类本能的体现，是人类审美意识的驱动，是人类进步与科技发展的产物，是人类生活质量的保证，是人类文明进步的标志。

设计的本质在于创新，创新则不可缺少“工匠精神”。本丛书得“供给侧结构性改革”与“工匠精神”这一对时代“热搜词”的启发，洞悉该背景下诸多设计领域新的价值主张，立足创新思维；紧扣当今各设计学科的热点、难点和重点，构思缜密、完整，精选了很多与设计理论紧密相关的案例，可读性高，具有较强的指导作用和参考价值。

随着新媒体传播技术的日新月异，面向大众的信息传播方式和手段层出不穷。不论是传统媒体还是新媒体，都离不开平面的表达方式，而平面表达的一个关键要素就是版式的表达形式。如何将要表达的信息有效编排并使其在信息的海洋中脱颖而出俘获受众的内心呢?

版式设计作为平面设计中的一个分支,运用造型要素及形式原理,对版式内的文字字体、图像图形、线条、表格、色块等要素,按照一定的要求进行编排,并以视觉方式艺术地表达出来,使观看者直觉地感受到某些要传递的信息。

设计者通过一定的手法,在有限的空间内将各种文字和图片有效地结合在一起,最终使版式显得丰富活泼,或多姿多彩,或庄重沉稳,以加强观看者的注意力、提高阅读兴趣,使其在视觉上能够直接感受到版式所传达的主旨。

版式设计是艺术构思与编排技术相结合的工作,对人们的视觉和心理都会产生积极的推动作用,在各个领域越来越受到重视。版式设计不只用于书刊的排版,网页、广告、海报等涉及平面及影像的众多领域都会用到版式设计。好的版式设计可以更好地传递作者想要传达的信息,或者加强信息传达的效果,并且能增强可读性,使经过版式设计的文字内容更加醒目、美观。

在新的传播形势下,为了和大家更好地探讨更为有效的版式编排方式与技巧,共同探索、挖掘版式各要素本身具有的意义和相互之间的有机组合,本书针对未来消费群体的特点,从立足市场传播需求的角度出发,以更加敏锐的洞察力和全新的视角,对版式的编排进行深入浅出、全面透彻和清晰的阐述。

值得一提的是,前 4 章中每个知识点和要点均附有案例,并从版式构思和具体设计内容进行解说,理论和案例紧密结合,融会贯通,轻松易懂,可以帮助读者更加快速、有效地将版式编排技巧与实际应用紧密联系起来,从而掌握版式设计在实际操作中的应用技巧。

书中观点明确、图文并茂，通过大量实用案例的列举与展示，除帮助读者掌握版式设计的实际应用法则外，还可大大提升读者的审美品位。

本书读者可包含：

（1）各行业内从事品牌策划宣传、产品推广、市场营销的人员；

（2）想要进入产品包装、书籍设计、广告设计等相关领域的创业、从业人员；

（3）营销咨询公司、设计公司、策划公司等的从业人员；

（4）高等院校设计、管理、营销等专业的师生。

由于编著者时间所限，本书中的案例及图片无法一一核实，如有不妥之处请联系出版社，再次印刷时改正，敬请广大读者及专家批评指正。

编著者

CATALOG 目录

第 1 章

我是谁——版式设计

版式设计是平面设计的一个分支，主要指运用造型要素及形式原理对版面的文字、图像、图形、线条、表格、色块等要素，按照一定的要求进行编排，并以视觉方式艺术地表达出来，通过对这些要素的编排，使观看者能直观感受设计者要传递的信息。

1.1 版式设计的意义

版式设计是设计者运用一定的设计手段，在有限的空间内将各种文字和图片有效地结合在一起，最终使版面效果更加丰富活泼，或多姿多彩，或庄重沉稳，以吸引观看者的注意力，提高其阅读兴趣。

版式设计并非只用于书刊，网页、广告、海报等众多领域都会用到版式设计，如图 1.1-1 所示。好的版式设计可以更准确地传达设计者想要表达的信息，起到加强信息传达的效果，并能增强内容的可读性，使经过版式设计的内容更加醒目、美观。版式设计是艺术与技术的统一体，是艺术构思与编排技术相结合的工作。

版式设计的意义，就是通过将空间视觉元素合理地编排以最大限

版式设计是平面设计的一个分支，主要指运用造型要素及形式原理对版面的文字、图像、图形、线条、表格、色块等要素，按照一定的要求进行编排，并以视觉方式艺术地表达出来，通过对这些要素的编排，使观看者直观感受设计者要传递的信息。

版式设计的意义：吸引观看者的注意力，提高阅读兴趣，使观看者在视觉上能够直接感受到版面所传达的主旨。

度地发挥其表现力，强化版面的主题，再以版面特有的艺术感染力来吸引观看者的目光。

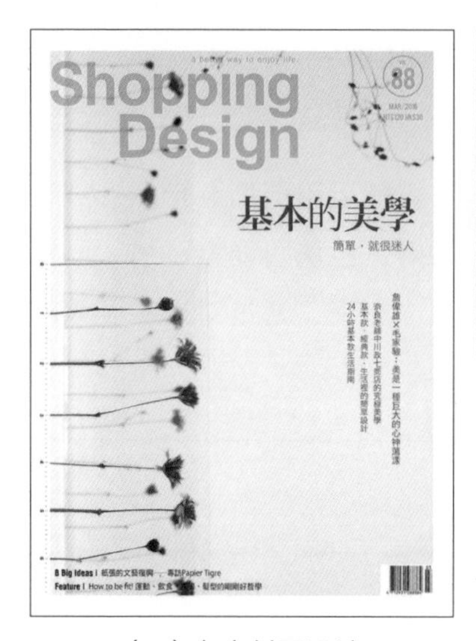

（a）杂志封面设计

（b）唱片包装设计

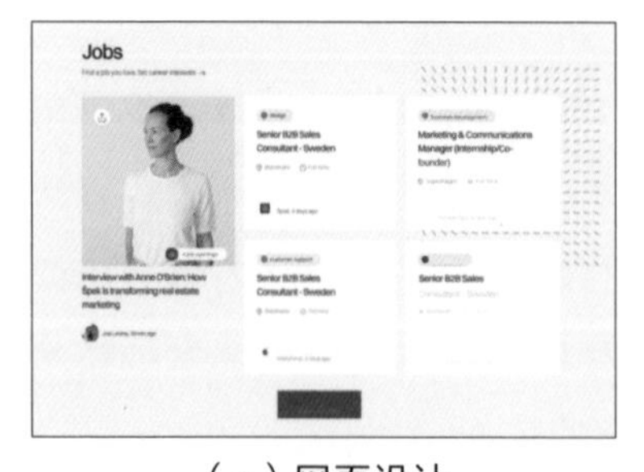

（c）网页设计

（d）电影海报设计

◎ 图 1.1-1　版式设计的应用

1.2 版式设计的内容

在现代设计中，版式设计的重点是对平面编排设计规律和方法的理解与掌握，其内容主要包含 4 个方面，如图 1.2-1 所示。

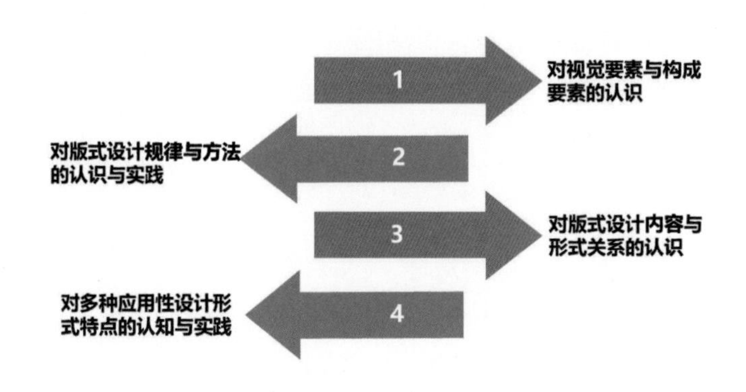

◎ 图 1.2-1　版式设计的主要内容

1. 对视觉要素与构成要素的认识

视觉要素与构成要素是版式设计的基本概念，是平面设计的基础。视觉要素包括形状、色彩与色调等的各种变化和组合；构成要素则包括空间、动势等组合画面。对视觉要素与构成要素的认知与把握，是学习版式设计的第一步。

2. 对版式设计规律与方法的认识与实践

版式设计规律与方法是对平面设计多种基础性构成法则的总结，其中包括以感性判断为主的设计方法和以理性分析为主的设计方法，对构成规律与方法的认知与实践是掌握版式设计的关键。

3. 对版式设计内容与形式关系的认识

正确认识和把握内容与形式的关系是设计创作最基本的问题。内容决定形式是设计发展的基本规律，设计的形式受到审美、经济和技术要素的影响，但最重要的影响要素是设计对象本身的特征。理解内容与形式的关系，恰当地运用形式将内容表现出来是平面设计专业学习的基本课题。

4. 对多种应用性设计形式特点的认知与实践

平面设计的种类有很多，在功能、形式上都有很大的变化。因此，在版式设计过程中应该清楚地认识和把握各种应用性设计（如包装、广告、海报等）的特点。

1.3 版式设计的特征

版式设计的目的性决定设计者必须考虑设计内容与形式之间的辩证关系，这种关系将影响版式设计的功能与美观。版式设计的4个特征如图1.3-1所示。

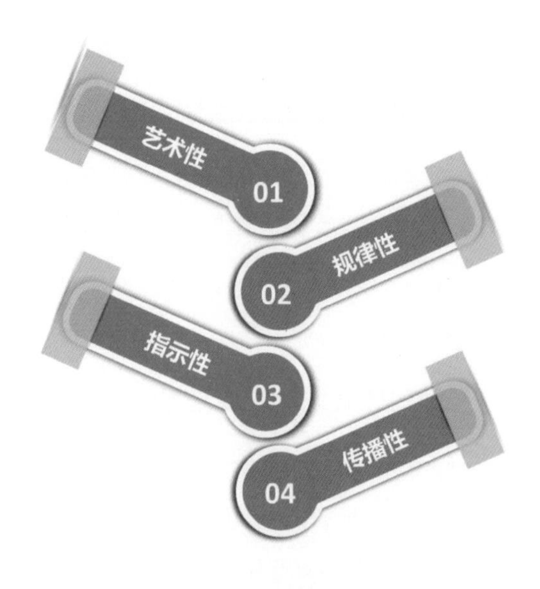

◎ 图1.3-1 版式设计的特征

1.3.1 艺术性

随着现代生活水平的提高，人们对高质量精神生活的要求也越来越高。版式设计不仅要实现其功能性，同时还需要塑造出优美的视觉形象，实现二者的统一。设计者应该根据美学原则和造型规律，通过清晰明

设计者应该根据美学原则和造型规律，通过清晰明快的现代设计手法，打散、重构图形元素，以塑造自由、活泼、形式优美的艺术形象。

形式美规律要求版式设计在布局方面追求图形编排的完善、合理，有效地利用空间、有规律地组织图形，以产生秩序美。

快的现代设计手法，打散、重构图形元素，以塑造自由、活泼、形式优美的艺术形象。如图 1.3-2 所示的无人机航拍照片打印的广告，巧妙地将交通线路形态和字母“S”完美结合，突出了无人机功能的强大。

◎ 图 1.3-2　无人机航拍照片打印的广告

1.3.2　规律性

任何设计艺术都要符合其规律，版式设计也不例外。形式美规律要求版式设计在布局方面追求图形编排的完善、合理，有效地利用空间、有规律地组织图形，以产生秩序美。这种布局要求图形元素之间相互依存、相互制约、融为一体。如图 1.3-3 所示的墨西哥 Nahema Vivo 化妆品画册内页的版式设计，遵循了传统的设计风格，通过满版图片来突出表现设计的主题，并搭配相应的文字内容，使版面安排合理、一致。

版式设计和一定的商品及装饰对象联系在一起，在设计过程中具有特定的指示性——广告作用。

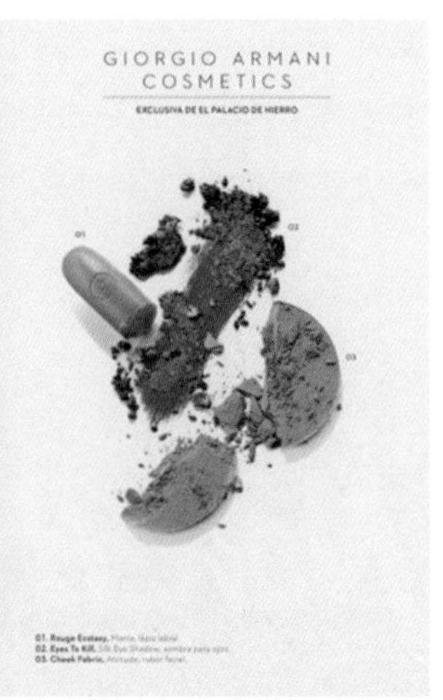

◎ 图 1.3-3　墨西哥 Nahema Vivo 化妆品的画册设计

1.3.3　指示性

版式设计往往和一定的商品及装饰对象联系在一起，在设计过程中具有特定的指示性——广告作用。从现代社会的信息传播情况来看，人们接受外界信息的方式发生了巨大变化。版式设计作为具体的视觉传播方式，承载着诸多的指示功能，以加深观看者的印象，如图 1.3-4 所示的纯果乐 Tropicana 天然果汁的户外广告，橙黄色广告面板上超大饮料盒溅起了果汁，该设

◎ 图 1.3-4　纯果乐 Tropicana 天然果汁的户外广告

版式设计要求将传播内容概括成简练的图形元素，通过对图形元素进行合理化的艺术处理，高度浓缩传达的内容，以提升其在版面中的视觉地位，高效地传播承载的信息。

计通过逼真和夸张的表现手法向观看者传递出果汁饮料是百分之百无添加纯天然的特点。

1.3.4 传播性

版式设计要求将传播内容概括成简练的图形元素，通过对图形元素进行合理化的艺术处理，高度浓缩传达的内容，以提升其在版面中的视觉地位，高效地传播承载的信息。这种信息传播的直接性不是对图形元素的简单编排，而是要求设计者要充分考虑设计作品的适应范围和信息传达的目的等客观因素。如图 1.3-5 所示的 RAGU 咖啡餐厅的菜单设计，通过大小不同面状排布并互相呼应的产品图片搭配简洁的介绍文字，非常清晰、直观地向观看者传递了菜单的信息内容。

◎ 图 1.3-5 RAGU 咖啡餐厅的菜单设计

1.4 版式设计的基本程序

合理运用版式设计的程序，对设计项目可有一个全面的认知，从而使工作能更加顺畅且有效地进行。如图 1.4-1 所示为版式设计的基本程序。

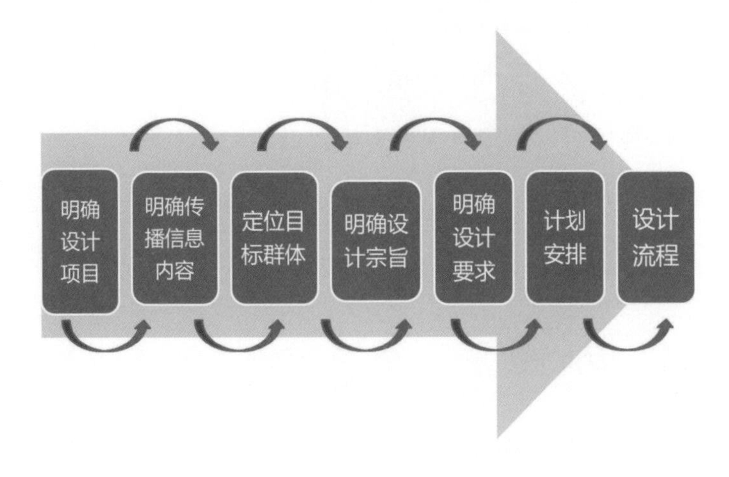

◎ 图 1.4-1　版式设计的基本程序

1. 明确设计项目

首先需要明确设计项目的主题，再根据主题来选择合适的元素，以及采用什么样的表现方式来实现版面与色彩的完美搭配。唯有明确设计项目的主题后，才能准确、合理地进行版式设计。

2. 明确传播信息内容

版式设计的首要任务是准确地传达信息。在对文字、图形和色彩进行合理搭配以求版面美感的同时，对信息的传达也要准确、清晰。

3. 定位目标群体

版面的设计类型众多，有的中规中矩、严肃公正；有的动感活泼、变化丰富；有的大量留白、意味深长……作为设计者，不能盲目地选择版面的设计类型，而要根据目标群体的特点来做判断。如果针对的是年轻人，则适合时尚、活泼、个性化的版面类型；如果针对的是儿童，则适合活泼、有趣的版面类型；如果针对的是老年人，则适合中规中矩及字体较大的版面类型。因此，设计前针对目标群体进行分析是非常重要的一个步骤。

4. 明确设计宗旨

设计宗旨是指通过版面的设计要表达什么意思、传递什么信息，最终要达到怎样的宣传目的，此步骤在整个设计过程中十分重要。如图 1.4-2 所示的吉百利网站的界面设计，界面的左右两边为紫色条，并用深紫色铺满了的图案，寓意着人们的生活离不开吉百利。界面的中间部分，将吉百利旗下众多的产品品牌用灰底色罗列出来，信息虽多，但整体版面有次序，一目了然。该设计完整地传达出吉百利公司以消费者需求为导向，从精选优质原料到利用先进的设备和工艺进行精加工，每个细节都体现着高品质追求的品牌理念。

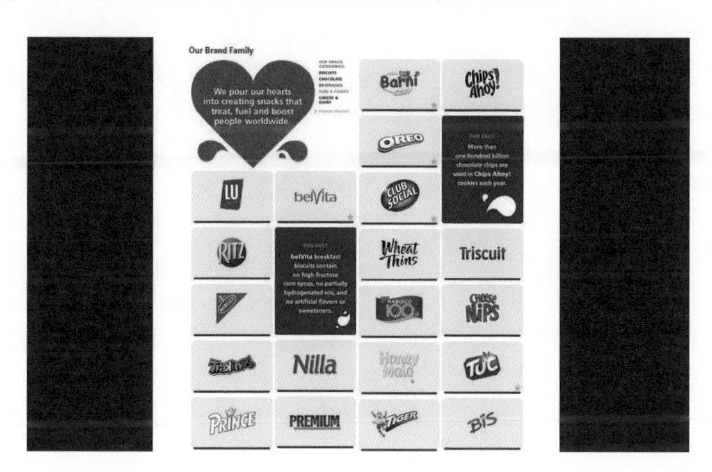

◎ 图 1.4-2　吉百利网站的界面设计

5. 明确设计要求

在商业设计中，版式设计只要符合设计要求，才能达到广告宣传的目的。版式设计要有明确的设计宗旨，通过文字与影像的结合，产生使人印象深刻的效果，并将商品的信息准确、快速地传达给观众，进而促进商品销售。

6. 计划安排

在进行设计前，需要针对设计项目收集资料，了解其背景信息，并根据收集的资料进行分析，确定设计方案，然后根据设计方案来设计具体的内容。

7. 设计流程

设计流程指做出一个设计方案所要经历的过程，这是设计的关键，如果想到哪儿做到哪儿会使设计出现很多漏洞和问题，所以版式设计应按照合理的流程来进行设计，如图 1.4-3 所示。

◎ 图 1.4-3　版式设计的流程

第 2 章

有血有肉有骨架

——塑造“有型”的版式设计

点、线、面是版面构成的基本元素。“点”能使得版面产生不同的心理效应；“线”主要通过直线与曲线进行表现，关键在于其排列方式；“面”通过形与形的组合，赋予版面一定的情感和意义。版面中的图形、文字及其他视觉元素都可以称之为点、线、面。

利用点、线、面的综合表现手法，可以丰富版面的层次，完美地呈现版面的视觉效果，使作品更加精彩动人。如图 2.0-1 所示为《舌尖上的中国》海报。通过挖掘出食物中丰富的艺术形态，可以反映出中国人博大精深的饮食文化。

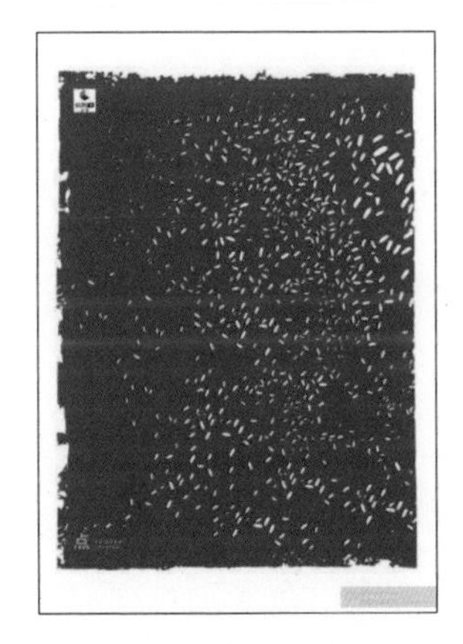
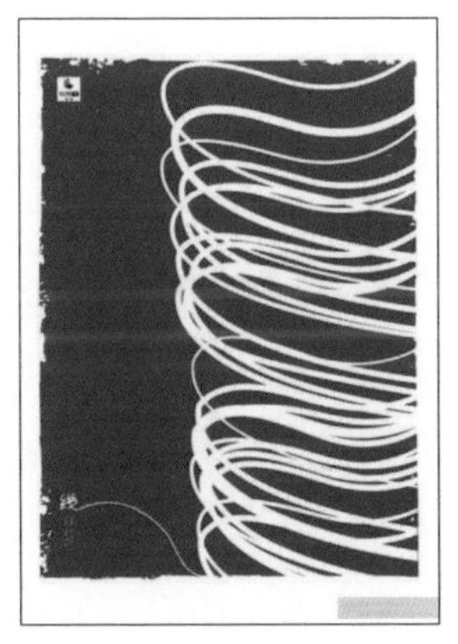

◎ 图 2.0-1　食物中的点、线、面——《舌尖上的中国》海报

点是版式设计构成中最小的设计元素，它不仅能构成平面化的线元素，还能组成立体化的面元素。

2.1 点在版式设计中的作用

2.1.1 点的构成

点是版式设计构成中最小的设计元素，它不仅能构成平面化的线元素，还能组成立体化的面元素。

点在版面中可起到点缀的作用。由点组成的画面可给人一种强烈的凝聚感，当多个点聚集在一起时就形成了这种力量感。在版式设计中，可以将点看作图形、文字或其他能够使用点来形容的元素。在版面中，没有规定点必须放在哪个位置，因此可以通过点赋予版面以千变万化的效果。从某种意义上说，掌握点的构成方法可以更好地协调版面中的各种关系。如图 2.1-1 所示为 3 种点的构成方式。

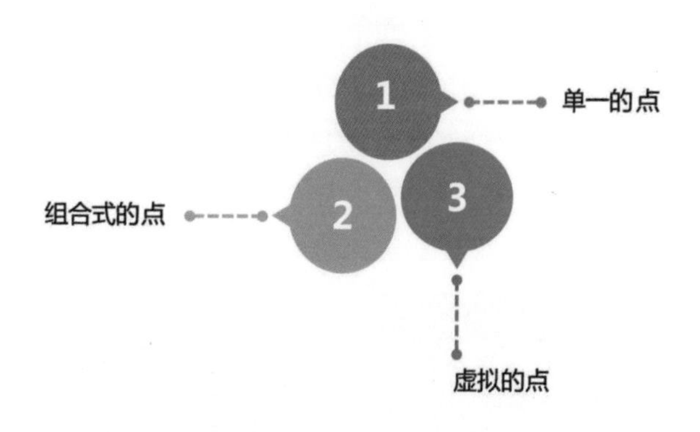

◎ 图 2.1-1　3 种点的构成方式

1. 单一的点

在进行平面创作时，常将主体物以点的形态放置于版面中，利用点在视觉上的注目性来提升主题信息的传播效力。值得一提的是，在

在进行平面创作时，常将主体物以点的形态放置于版面中，利用点在视觉上的注目性来提升主题信息的传播效力。

偌大的空间里，这些点元素在视觉上具有很强的吸引力。如图 2.1–2 所示为网易云音乐的海报，这里运用了艳丽的红色作为背景，除此之外只有底部的几个白色文字和中间的“蛋”。大背景和小元素、大面积的红与少许的白色、粉色、黑色和黄色构成了鲜明的对比，首先，该海报营造出了一种新年喜庆的气氛；其次，被分成两半的“蛋”中，黑黄色的圆盘唱片造型在红色背景下尤为醒目，其代表了网易云音乐的品牌形象。

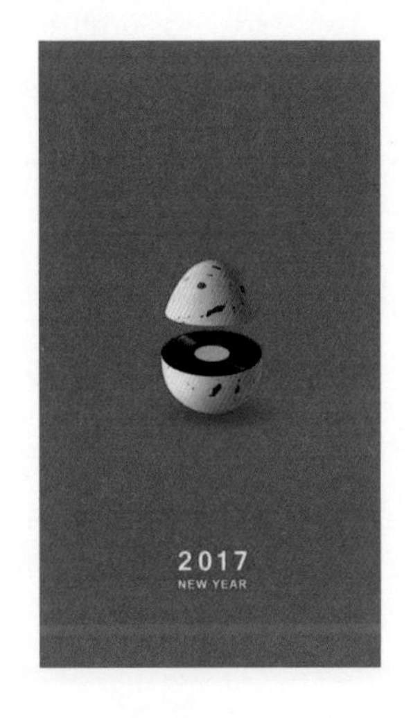

◎ 图 2.1–2

网易云音乐的海报

2. 组合式的点

在平面构成中，单一的点形态能引起人们的高度注意，而组合式的点形态能带给人们更加丰富的感官体验。点的组合形态有很多，如将大小不一的点以密集的形式进行排列，可以使版面呈现出视觉张力，或者将多个点元素朝统一的方向进行排列，可以在版面中形成强烈的视觉牵引力等。如图 2.1–3 所示，采用不同颜色、不同面积大小的色块进行排列，形成了多样化点的组合形态。

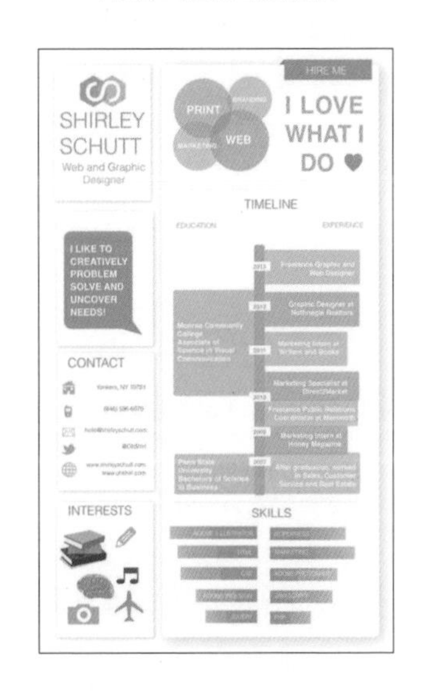

◎ 图 2.1–3

信息图表的版式设计

3. 虚拟的点

点并不仅仅以单独的形态出现，物象与物象在进行交错或叠加排列的过程中，交叉的部分也是点的一种形态，如棋盘上的交叉点，这种存在于交叉处的点称为隐形点，在版式设计中它具有聚集的作用。即使是排列杂乱的版面结构，物象间交叉形成的点也能有效地引起观看者的注意。如图 2.1-4 所示的海报设计作品，采用不同朝向的人体排列形成虚拟的视觉中心，使观看者的视点集中在交叉点的文字上，形成注意点。

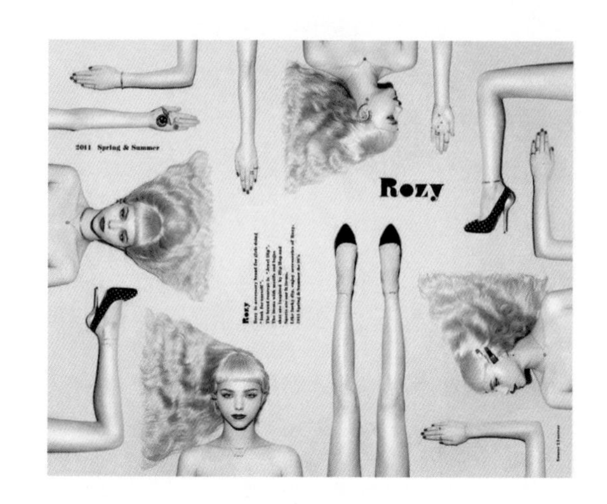

◎ 图 2.1-4　日本设计大师 Yuni Yoshida 的海报设计作品

2.1.2　点的编排方式

版面中的点，由于其大小与位置的不同，所产生的版面视觉效果和心理作用也不同。

1. 大小不同

点的缩小能起到点缀和强调的作用；点的放大则可以有面的感觉，更能突出版面的重点，如图 2.1-5 所示。点的表现要注重对形象的强调，以及给人心理上的感受。

点既可以形成版面的中心，又可以与其他形态组合，可起到平衡版面、填补空间、点缀和活跃版面气氛的作用。

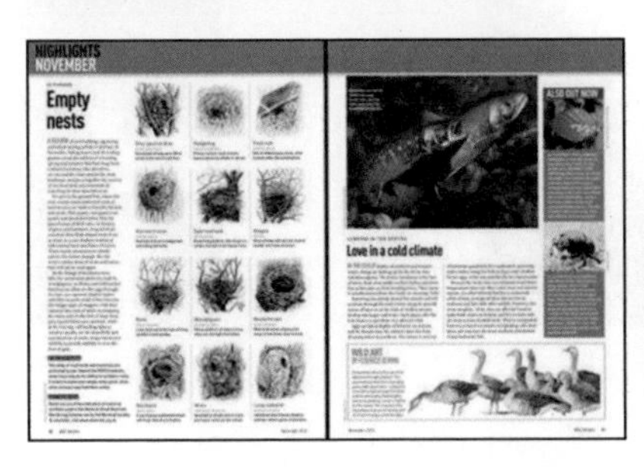

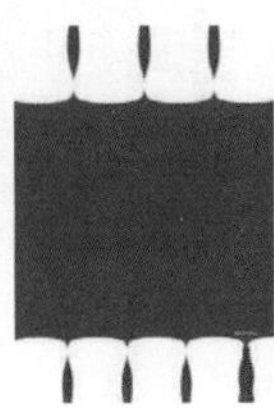

◎ 图 2.1-5　点的大小不同

2. 位置不同

点既可以形成版面的中心，又可以与其他形态组合，可起到平衡版面、填补空间、点缀和活跃版面气氛的作用。

版式设计时，不仅要考虑点的大小分布，还要考虑点在版面中的位置，如图 2.1-6 所示。点的不同位置可直接影响版式的效果，如图 2 .1-7 所示。

- 01 当点居于版面中心时，观看者会感觉视觉空间对称且张力均等，主体突出
- 02 当点居于版面上部时，观看者的视线会向上移动，页面中的其他内容会有下沉的感觉
- 03 当点居于版面左侧时，观看者的视线会自然向左移动，符合人们从左到右的视觉习惯
- 04 当点居于版面右侧时，打破了人们的视觉移动习惯，观看者的视觉重心向右移动

◎ 图 2.1-6　点的位置不同

(a) 左上

(b) 居中

(e) 右下

(c) 左下

(d) 右上

◎ 图 2.1-7　点在版面中的位置

2.2　线在版式设计中的作用

线在版面构成中的形态很复杂，有形态明确的实线、虚线，也有空间中的视觉流程线。在几何学中，线的定义为任意点在移动时所产生的运动轨迹。点的移动方式决定线的形态，如弯曲的移动方式会形成曲线，笔直的移动方式会形成直线等。实线给人一目了然的感觉，

线是点的延伸，在版式设计中其表现形式是多样的，影响力大于点。

斜线是指按照倾斜朝向进行延伸的一类直线。在方位上呈现出向上或向下的运动感，可带给人以动感的视觉感受。

是最常见的线的形态；虚线给人虚幻、缥缈的感觉。空间中的视觉流动线并不是实实在在的线，而是引导视觉流动的线，是受到某种视觉的引导所构筑在心中的线。

2.2.1 线的形态

线是点的延伸，在版式设计中其表现形式是多样的。作为空间的构成元素，线的影响力大于点。点只能作为一个独立体，而线可以将这些独立体统一起来，让点的效果得到延伸。不同类型的线条可呈现出不同的情感表达。线条的类型主要分为直线与曲线，其中直线包括斜线、垂直线、平行线与水平线；而曲线主要包括几何曲线和自由曲线，如图 2.2-1 所示。

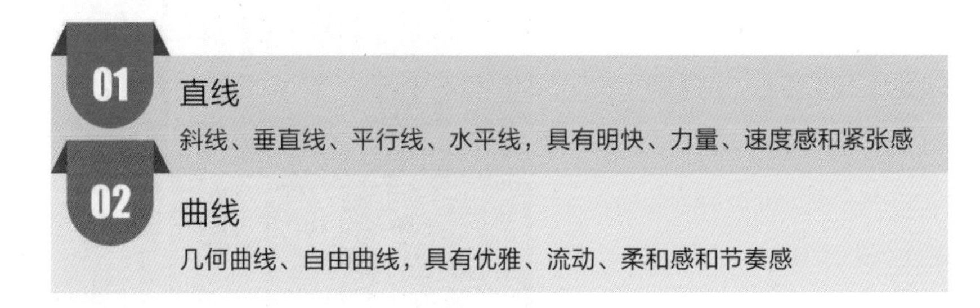

◎ 图 2.2-1　线的形态

1. 斜线

斜线是指按照倾斜朝向进行延伸的一类直线。它在视觉空间中具有强烈的失衡感。与此同时，斜线还能在方位上呈现出向上或向下的运动感，可带给人以动感的视觉感受。如图 2.2-2 所示的韩国 LOOK

垂直线是指向垂直方向延伸的直线，其笔直的线形结构容易使人感受到端庄的视觉氛围。

养乐多塑身减肥饮料广告，几乎布满版面的斜线带给人纤细的感觉，它与饮料产品的包装元素相呼应，进一步强化该饮料所能达到的塑身效果。

◎ 图 2.2-2　韩国 LOOK 养乐多塑身减肥饮料广告

2. 垂直线

垂直线是指向垂直方向延伸的直线，其笔直的线形结构容易使人感受到端庄的视觉氛围。在版式设计中，运用垂直线不仅能打造严肃的版式结构，还能增强版面在视觉表达上的肯定感。如图 2.2-3 所示的 2019 年深港城市双年展海报，设计者运用不同长度、粗细的垂直线对

◎ 图 2.2-3　2019 年深港城市双年展海报

大量的直线平行排列可以营造出强烈的整体感；少量的平行线组合则会赋予版式以运动感。

直线沿着水平方向进行延伸，能营造出安宁、平静、稳重、安全的视觉氛围。

展览的相关信息进行排列，加强了版面在视觉上的稳重感和韵律感。

3. 平行线

平行线在版式设计中的应用十分广泛，将大量的直线以平行的形式进行排列，可以营造出强烈的整体感；少量的平行线组合则会突出版面在方向上的单一性，同时赋予版式以运动感。如图 2.2-4 所示的 Noaka 教育网站的网页设计，作为教育类网页设计，为了帮助用户更好地查阅各类书籍，设计者通过垂直平行的文本排版方式，结合红色条及选中效果的设计，给用户呈现了仿真书架模式的导航设计。

◎ 图 2.2-4　Noaka 教育网站的网页设计

4. 水平线

直线沿着水平方向进行延伸，会给人以无限、辽阔的视觉感受，并以此联想到地平线、海平面等事物。此外，凭借水平线在空间结构上稳定性高的特点，还能营造出安宁、平静、稳重的视觉氛围，同时

几何曲线拥有严谨的内部结构及柔和的外部形态，能使版面整体呈现出饱满、圆滑的视觉效果。

可带给观看者强烈的安全感。如图 2.2-5 所示的汽车广告，动物图片经过剪影处理，用水平线相连，通过一大一小对比产生的距离感，从而体现出汽车的速度与性能。

◎ 图 2.2-5　汽车广告

5. 几何曲线

几何曲线拥有严谨的内部结构及柔和的外部形态。常见的几何曲线有弧线、S 形线、O 形线等。在版式设计中，这类线条能给人以明显的约束感，可使观看者感受到线条结构中的紧张与局促。此外，几何曲线还能使版面整体呈现出饱满、圆滑的视觉效果。如图 2.2-6 所示的海报设计中，将较粗的圆形曲线作为画面的主体元素，利用几何形态打造出饱满、圆滑的视觉效果。另外，将圆形曲线以相同粗细、不同颜色交替排列，可增强版面的丰富感。

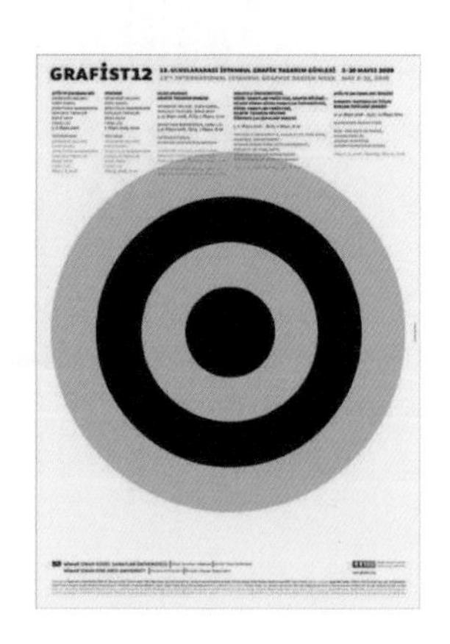

◎ 图 2.2-6　海报设计

自由曲线没有固定的外形和结构，其主要特征表现为具有强烈的随机性。

6. 自由曲线

自由曲线没有固定的外形和结构，其主要特征表现为具有强烈的随机性。自由曲线分为两种。一种是单一型自由曲线。它是指版面中只存在很少的曲线数量，通过减少线条的数量，可以大大提升单一曲线的视觉形象，同时使画面展现出明朗、流畅的空间个性。如图2.2-7所示的霍皮哈日主题公园的平面广告，将过山车的形象进行满版布局，充分宣传了该娱乐项目，用过山车自由流畅的曲线造型拼写出各个过山车的相关主题，强化了观看者对主题公园的印象。另一种是组合型自由曲线。既然是以组合为主的，那么画面中自然就会充斥着大量的曲线，并且沿着不同的轨迹进行延伸，从而在视觉上给人以凌乱、个性的感觉。需要注意的是，在应用这类曲线时，一定要保证画面背景的整洁，如利用空旷的背景来削弱曲线在视觉上的冲击力。

◎ 图2.2-7　霍皮哈日主题公园的平面广告

如图 2.2-8 所示，以金的“渐变色”和“溶解”为主题，旨在传递“看见繁荣不息的音乐生命力”；微距细看，各色各样的花朵无章法地组合形成各式各样的自由曲线，这些曲线又在空间上形成立体的奖杯状；海报远看是一座发光的奖杯，近看则是百花齐放的花海，同时也象征金曲奖这个兼容不同文化的音乐平台，能持久地散发出光芒。

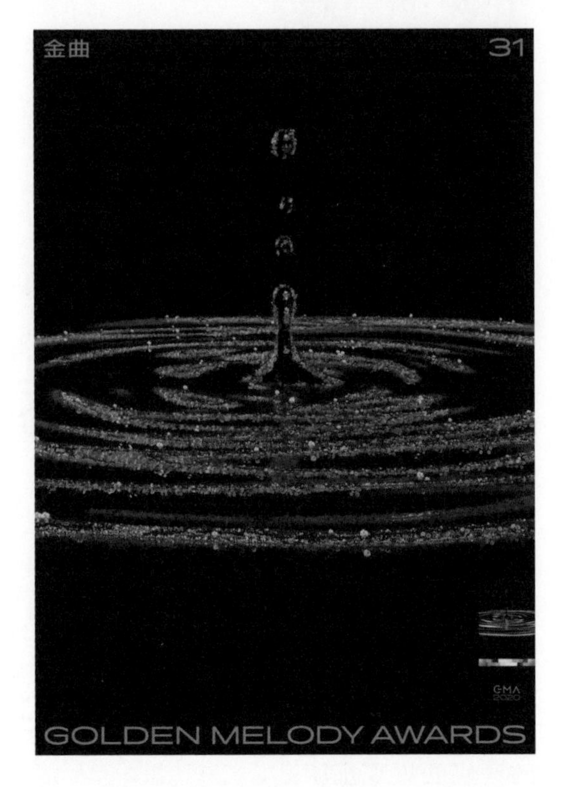

◎ 图 2.2-8　第 31 届金曲奖主题海报

2.2.2　线的性格

线具有位置、方向、形状的属性，每种线都有其独特的个性与情感，不同的粗细、长短、虚实、方向、肌理和形状可以组合出不同的线的形象，如图 2.2-9 所示。

1. 线的粗细

线的粗细是经过对比得出的结果，它能在外形上给人以直观的感受，仅凭肉眼就能识别线条的粗细。

细线具有纤细的形态与柔软的质感，能在视觉上给人以细腻的印象。

粗线拥有更鲜明的视觉形态，能带给观看者直观的印象。

1 粗线：厚重、醒目、有力，这样的特征适用较粗的视觉形象

2 细线：纤细、锐利，微弱，适用于笔画较细的视觉形象

3 长线：洒脱和直率，适用于打造出具有延伸性的视觉效果

4 短线：大量的短线给人以局促、紧张的感受；少量的短线给人以精致、细致的感受

5 实线：给人以强烈的真实感

6 虚线：给人以想象的空间

◎ 图 2.2-9 线的性格

1） 细线

在同一个版面中，将那些在宽度上相对较窄的一类线称为细线。这类线具有纤细的形态与柔软的质感，能在视觉上给人以细腻的印象。如图 2.2-10 所示的国外海报设计，采用不同色彩的细线呈现出细腻的编织状态，形成版面中心的网格，并将海报中的文字进行粗细和大小的变化、排列，形成海报的视觉中心。

◎ 图 2.2-10 国外的海报设计

2）粗线

粗线的定义与细线恰好相反，主要是指在宽度上相对较大的一类线条。在同一版面中，相对于细线来讲，粗线拥有更鲜明的视觉形态，能带给观看者直观的印象。由于粗线能在画面中留下明显的视觉痕迹，设计者往往会利用这种线条来引导观看者的视线，从而完成对版面信息的有效传达。如图 2.2-11 所示，设计者将人物佩戴安全带之后的照片进行重点裁切，裁切后的画面中安全带显得更粗，形成左下——右上的走向，有效地引导观看者的视觉。

◎ 图 2.2-11　佩戴安全带的公益宣传海报

在版式设计中，将粗细不一的线条安排在同一个版面中，可使粗线的豪放性与细线的细腻性在视觉形式上得到有机融合，从而打造出张弛有度的版面效果。除此之外，还可以通过调整粗、细线条在版面中所占面积的比例，使版面呈现出相应的节奏感和韵律感。

2. 线的长短

线条包括长线和短线。

1）长线

长线给人的视觉印象往往是洒脱和直率的。设计者可以利用线条的修长外形打造出具有延伸性的视觉效果。如图 2.2-12 所示的国外演出海报设计，流星划过天空形成无数斜向平行排列的细长线，几乎

利用线条的修长外形可打造出具有延伸性的视觉效果。

大量的短线给人以局促、紧张的感受。

占据了整个版面，表现出夜空的神秘深邃，各条流星线都指向一组字体，起到了极佳的视线引导功能。

◎ 图 2.2-12　国外演出海报设计

2） 短线

当画面中充斥着大量的短线时，会给观看者以局促、紧张的视觉感受；当画面中只有少量的短线时，就会在视觉上给观看者以精致、细致的感受。如图 2.2-13 所示的 Jeep 汽车广告，将该汽车标志性的前脸经典七孔格栅形态同汽车车窗巧妙地结合起来，产生精致又不乏力量感的效果，完美地表达出 Jeep 汽车追求自由和勇于冒险的品牌标志性特征。

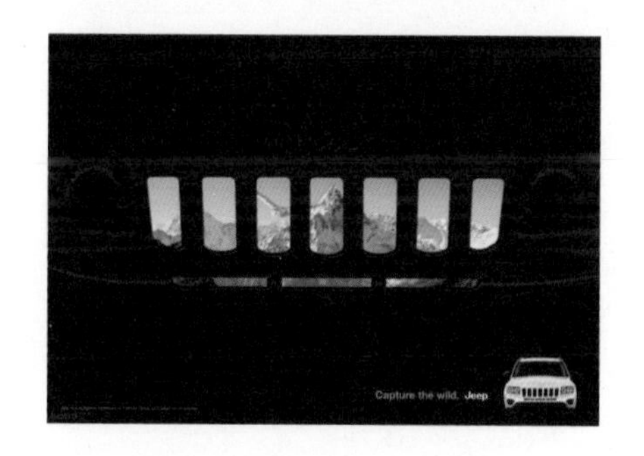

◎ 图 2.2-13　Jeep 汽车广告

3. 线的虚实

线的虚实可以理解为线条的无形与有形两种形态，即实线和虚线。

1） 实线

实线在视觉上能给人以强烈的真实感，并能引导观看者跟随线条

实线在视觉上能给人以强烈的真实感，并能引导观看者跟随线条的运动轨迹来完成对版面信息的浏览。

虚线能给观看者提供想象的空间，并以此激发他们的想象力。

的运动轨迹来完成对版面信息的浏览。在版式设计中，实线是运用最多的线条形态之一，无论是规整的直线还是自由的曲线，都能使版面在综合表现上更具优势。如图 2.2-14 所示的 MINI 汽车广告，设计者将唱片与路的形态结合，巧妙地表达出 MINI 汽车音响设备出色逼真的声音效果。

◎ 图 2.2-14　MINI 汽车广告

2） 虚线

在版式设计中，虚线能给观看者提供想象的空间，并以此激发他们的想象力。如图 2.2-15 所示的图书封面设计，通过对图片的巧妙裁切和文字的合理排列，形成虚实相生、极具韵律感的画面效果。

◎ 图 2.2-15　图书封面设计

2.2.3　线的作用

1. 对空间的分割

使用线对版面进行分割时，

需要考虑版面中各元素之间的联系，同时根据内容划分空间的主次关系、呼应关系和形式关系，以产生良好的视觉秩序感。

在空间中使用线将多个相同或相似的形态进行空间等量分割时，版面所传达的是一种有序的、和谐的感觉。

在版式设计中，可以运用多种样式的线条对版式结构进行合理的分割，如对图文进行分割、对编排区域进行分割，以及运用线条的分割手法设计出理想的版面布局等。常用的分割方式有 4 种，如图 2.2-16 所示。分割方式的具体运用如图 2.2-17 所示。

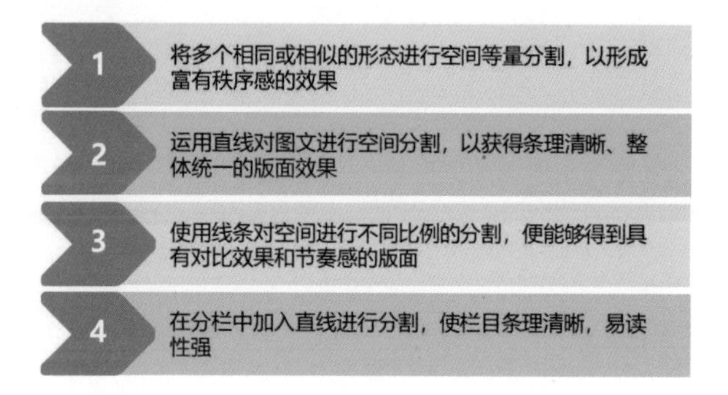

◎ 图 2.2-16　常用的 4 种分割方式

（a）杂志版式设计　　（b）网页版式设计

◎ 图 2.2-17　分割方式的具体应用

力场是一种虚拟出来的空间，版面中的力场是通过线在版面中的分割而产生的。在版面中通过线将图片和文字进行规划和整理，从而产生力场。

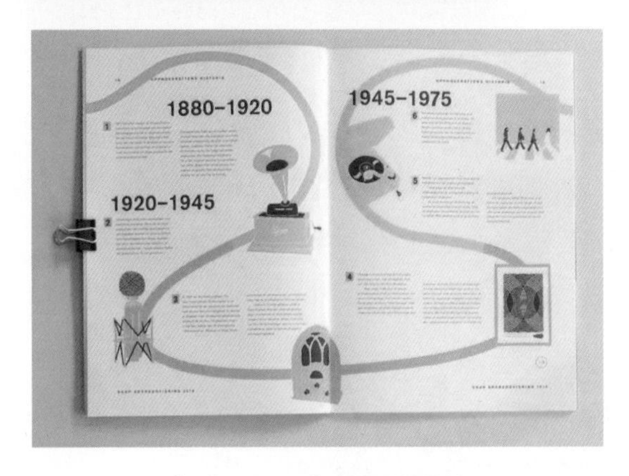

（c）Skap 年报画册设计

（d）日本海报设计

◎ 图 2.2–17　分割方式的具体应用（续）

2. 空间力场

版面中的力场是通过线在版面中的分割而产生的。在版面中通过线将图片和文字进行规划和整理，从而产生力场。力场感的大小与线的粗细和虚实有关，若线粗实，则力场感强；若线细虚，则力场感弱。如图 2.2–18 所示的 2017 年春夏系列海报，采用 3 根细钢管对版面进行了分割，凸显了胖模特的不同舞姿，有效地传达出春夏系列服装的包容性。

◎ 图 2.2–18　（日）Yuni Yoshida 设计的 2017 年春夏系列海报

面是点和线的升华，具有丰富空间层次、烘托及深化主体的作用。

相对于点和线来讲，面具有更强的质感和更形象的视觉表现力。一个色块、一个放大的字元、一张图片、一段文字都可以理解为面。

3. 空间约束力

根据版面的需要使用不同形态的线条以形成空间约束力。当强调页边距与内容时，可使用一条细细的线将页面中的内容与页边距区别出来，就能有效地引导人们的视觉。若线框细，则版面轻快而有弹性；若线框粗，则版面会有被强调的效果。如图 2.2-19 所示的信息可视化图表设计，利用方向不同的箭头有效地引导观看者的视线，并与其他图形元素构成了立体的空间感。

◎ 图 2.2-19 （韩）Sung Hwan Jang 设计的信息可视化图表

2.3 面在版式设计中的作用

面是版面构成的三大要素之一，在空间中占有的面积最多，因而在视觉上要比点、线更突出，更具有鲜明的个性特征。

2.3.1 面的构成

面是点和线的升华，具有丰富空间层次、烘托及深化主体的作用。

在版面中，点和线可能只占据版面很少的空间，但面却占据整个版面的大部分空间。通过点的密集或线的重复都可以转化为面，线的空间分割产生各种比例空间，也形成了各种比例关系的面。

相对于点和线来讲，面具有更强的质感和更形象的视觉表现力。一个色块、一个放大的字符、一张图片和一段文字都可以理解为面。如图 2.3-1 所示为面的不同构成方式。

◎ 图 2.3-1　面的不同构成方式

2.3.2　面的形态

根据面的形状和边缘的不同可产生很多变化，按其构成原理不同，可分为几何形体的面、有机形体的面、偶然形体的面和自由形体的面，

几何形体的面是指通过数学公式计算获得的面，不仅在视觉上拥有简洁而直观的表达能力，同时在组成结构上也具有强烈的协调感。

如图 2.3-2 所示。随着形态的变化，面所带来的视觉感受也随之改变，结合版面的主题需求选择相应的表现形态，从而使版面的表现结构与内容达到高度统一。

◎ 图 2.3-2　面的形态

1. 几何形体的面

几何形体的面是指通过数学公式计算获得的面，如正方形、梯形、三角形、圆形等。其中，既有单纯直线构成的面（正方形、梯形、三角形），也有曲线构成的面（圆形）。这些由不同公式及不同线形构成的几何形体的面，不仅在视觉上拥有简洁而直观的表达能力，同时在组成结构上也具有强烈的协调感。如图 2.3-3 所示，几何线条和色块一方面给人理性的感受，另一方面，线条相当随性地勾勒出“詩”字，依附着线条形成的色块呼应“詩”的天马行空，以及多角度的诠释。

在版式设计中，根据构成因素的不同，可以将几何图形划分为曲线构成和直线构成两种形态。

◎ 图 2.3-3　图书的封面设计

1）曲线构成

常见的曲线构成（曲面）有圆形、椭圆形等。一般情况下，曲面能给人以严谨、规整的视觉印象。与此同时，通过加入曲面还能提高版面的亲和力，从而拉近观看者与画面的距离。如图 2.3-4 所示，通过对曲面的规整排列塑造了版面结构的严谨，并运用明度和纯度不等的色彩将版面进行分割，形成曲面与直面的组合，增添了版面的层次感和空间感。

◎ 图 2.3-4　现代主义风格海报

（瑞士）Mike Joyce

2）直线构成

直线构成（直面）大多是数学中的一些几何图形，如正方形、三角形等。从直面的结构特征来讲，

自然的有机形体与我们平时接触的许多事物都有相似之处，所以它有效地触发了观看者的情感，并使其产生相应的联想。

它具有规整的外部轮廓和严谨的内部结构，将直面运用到版式设计中，能有效地提升版面的专业感。如图 2.3-5 所示，设计者将不同大小及色彩的几何图形进行有机的排列组合产生秩序感，形成了位于版面下方的视觉中心，给人以稳定感。

◎ 图 2.3-5　Fito Paez 巴西巡演海报

2. 有机形体的面

有机形体的面是指生活中那些自然形成或人工合成的物体形态，如植物、动物、机械和建筑等。由于有机形体与人们平时接触的许多事物都有相似之处，所以它能有效地触发观看者的情感，并使其产生相应的联想。如图 2.3-6 所示，将被保鲜膜包裹的奶酪、水果放置在版面中央，可有效集中视线，突出物体的新鲜形象。背景色来自主体物的固有色，采用满版设计，更强调了主体物的新鲜度。

◎ 图 2.3-6　巴西某零售企业的广告

在平面构成中，通过对已知物体进行具象化处理，可以得到最简单的概括和描述，与此同时，还获得了该物体的有机形体的面。根据设计对象的不同，有机形体的面可划分为两种：

（1）以人为合成的物体为设计目标，如高楼、汽车等，这些物体具有鲜明的时代感和代表性；

（2）以自然界中的物体为设计目标，如人、花、鸟、虫、鱼等，通过对这些物体进行具象化处理，以构成该物体的有机形体的面。

在平面构成中，以自然元素为设计对象的有机形体的面在视觉与内涵上均具有强烈的象征意义，如用鹰、熊的形象唤起人们保护动物的意识。如图 2.3-7 所示，通过极其简单的块面处理，描绘出动物与人类之间不可取代的关系。黑白两色的对比使用，烘托了人们保护野生动物的主题。

◎ 图 2.3-7　海报设计（中国台湾）游明龙

偶然形体的面是指通过人为或自然手段偶然形成的面形态。该类型的面往往能给人以强烈的随机感和生动感。

3. 偶然形体的面

偶然形体的面是指通过人为或自然手段偶然形成的面形态。偶然形体的面没有固定的结构与形态，可以通过多种方式获得，如喷洒、腐蚀和熏烤等。在版式设计中，该类型的面往往能给人以强烈的随机感和生动感。如图 2.3-8 所示，通过儿童对绘画和音乐的自由表达，形成了极强的视觉冲击力，以引起观看者心灵的共鸣。将人物形象缩小放置在画面的左下角，与其创作的绘画和音乐作品形成较大的反差，可有力地表达主题。

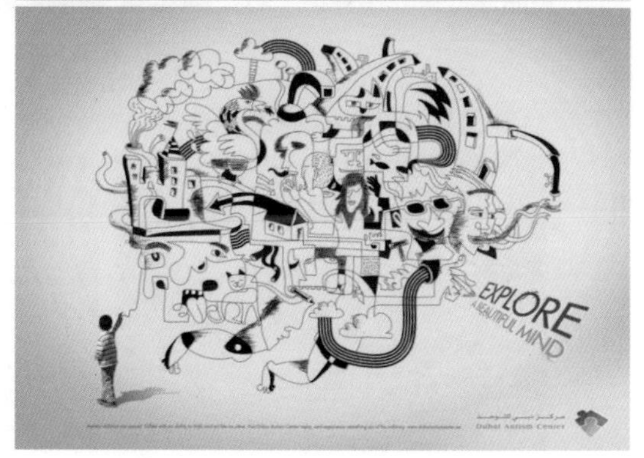

◎ 图 2.3-8　自闭症中心的公益广告

在平面构成中，可以通过人为的手段来得到偶然形体的面，如将颜料随意涂抹到纸上、把墨汁喷溅到画布上，或直接利用计算机软件合成液体喷洒的效果等，设计者利用这些非自然的创作手法，可以打造出面形态的随机性。除此之外，这些充满偶然性的面在视觉上也具有一定的艺术美感，如图 2.3-9 所示。

除去人为的做法，生活中的一些自然现象也能创造出充满偶然性的面形态，如沙漠里风吹沙子形成的层层沙堆、雨滴入水面产生的涟漪效果。这些通过自然力量所构成的面形态，在结构上具有不可复制的偶然性，能给观看者留下深刻的印象。如图 2.3-10 所示，反映出纸巾强大的吸水效果。

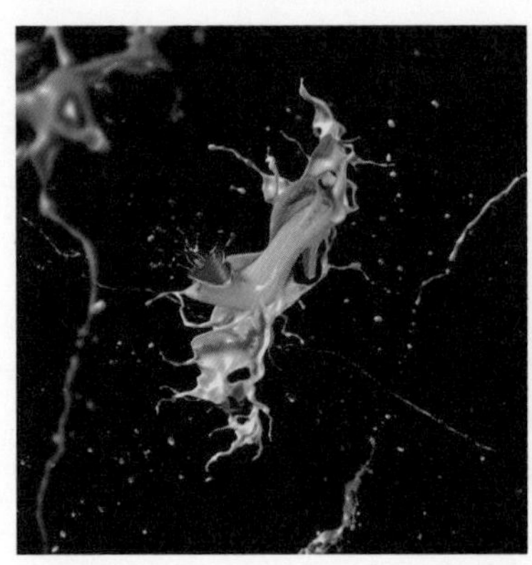
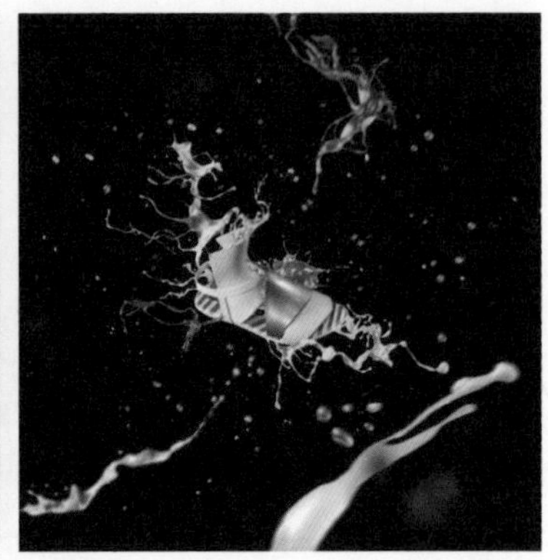

◎ 图 2.3-9　鞋子广告

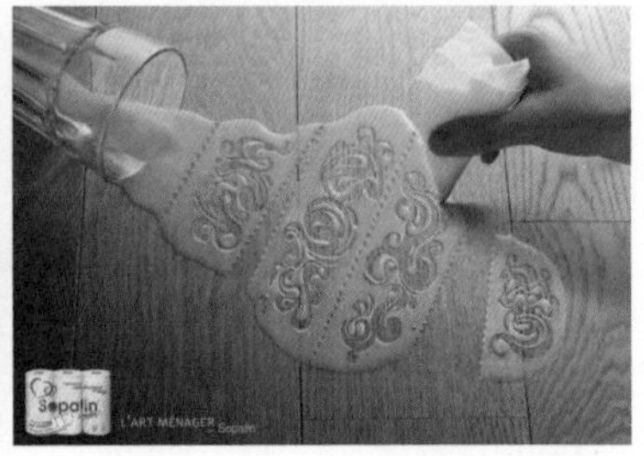

◎ 图 2.3-10　纸巾广告

4. 自由形体的面

在版式设计中，可以通过以下两种途径来得到自由形体的面。

1）对图像要素进行自由排列，通过物体间随意的空间关系来得到

通过纯手绘或软件制作的方式来得到面的自由形态具有明显的插画效果，同时还具备独特的造型能力，并在表现形式上充满了个性化的色彩。

在版式设计中，将有关联的图像要素以密集的方式编排在一起，集中后的图像在整体结构上会形成一种不规则的面，从而获得具有自由效果的面形态。同时，可利用该面形态来打破呆板的版式结构，给人留下深刻的印象。如图 2.3-11 所示，将多个动物元素集中组合放置在画面中央，构成自由、随意的面形态，表现出动物园中动物们的热情场面。

◎ 图 2.3-11　科隆动物园的宣传海报

2） 运用手绘的方式直接得到

通过纯手绘或软件制作的方式获得自由形体的面。采用这种方式获得的面具有明显的插画效果，同时还具备独特的造型能力，并在表现形式上充满了个性化的色彩。由于自由形体的面的规律性很弱，在制作时应确保其设计思路与版面主题相吻合。如图 2.3-12 所示，这是京东、盼盼和麦当劳这三个品牌在“立冬”节气设计的营销海报。海报采用手绘方式，随性自然地营造出浓浓的节气氛围，使整个版面充满了温馨。

◎ 图 2.3-12 “立冬”节气设计的营销海报

2.3.3 面的表现

在平面构成中，根据形成方式的不同，一般可以将面的特征划分为积极与消极两种。由于构成要素的不同，这两种面不仅在表现形式上存在着本质的区别，同时在情感表达上也存在着一定的差异性。如图 2.3-13 所示为面的表现。

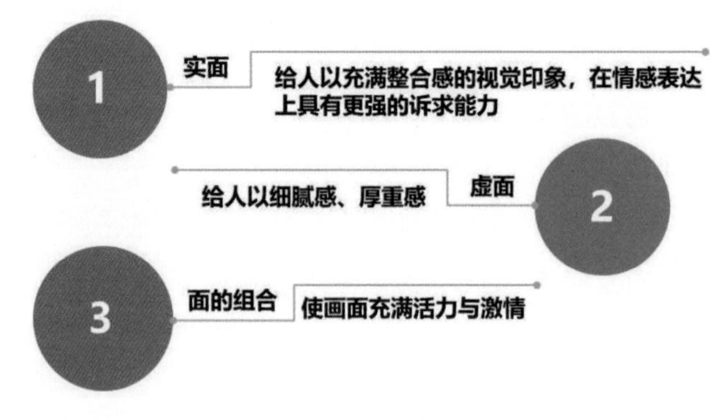

图 2.3-13 面的表现

利用点元素与线元素的移动或放大所形成的面定义为积极的面，给人以充实、饱满的视觉印象，比虚面在情感表达上具有更强的诉求能力。

由点元素与线元素聚集而形成的面，在视觉上给人以细腻感。

1. 积极性的实面

在平面构成中，将那些利用点元素与线元素的移动或放大所形成的面定义为积极的面，也被称为实面。实面的特征主要表现是，它能给人以充实、饱满的视觉印象，与虚面相比，实面在情感表达上具有更强的诉求能力。如图 2.3–14 所示为 Quay 餐厅的网站设计，使用漂亮的大图背景吸引观看者，全屏的幻灯片式的展示堪称完美。

◎ 图 2.3–14 Quay 餐厅的网站设计

2. 消极性的虚面

在平面构成中，将那些由点元素与线元素聚集而形成的面定义为消极的面，也被称为虚面。虚面主要由零散的元素组合构成，因此在视觉上往往给人以细腻感。此外，过分密集的面结构还能产生视觉的厚重感，同时使观看者产生压抑的心理，从而进一步对版面产生深刻的印象。如图 2.3–15 所示，海报的每个版面都被数不清的图案（商品）铺得满满的，表达宜家的商品种类令人眼花缭乱。将商品排成字母的形状构成广告语，隐藏在版式中，既增加了广告的趣味性，又能强化广告表达的效果。

组合编排不仅能丰富版式结构，还能使版面的表现形式得到拓展，产生更加多元化的视觉效果。

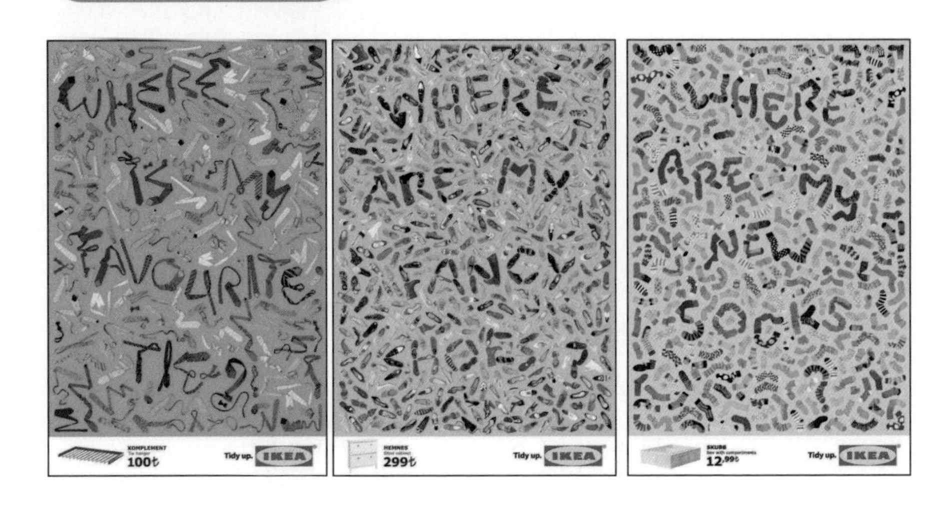

◎ 图 2.3-15　伊斯坦布尔宜家促销广告

3. 面的组合

在版式设计中，可以将任意两种或两种以上的面形态安排到同一个画面中，以此将表现不同特色的构成形态融合在一起，从而使画面充满活力与激情。如图 2.3-16 所示，由多个选自主体人物身上不同颜色的几何面块构成，结合运动员前倾奋力奔跑的姿势，让人联想到运动员风驰电掣的速度，以及运动饮料的强大能量。

◎ 图 2.3-16　运动饮料的广告设计

但当遇见一些特殊题材时，

如那些注重编排规范的报刊，就应减少面形态的组合数量，以确保版面结构的整洁度。如图2.3-17所示，将人物头像用极细的直线分割成相同粗细的线条，并将头像裁切掉不重要部分，打破了版面的规整，渲染了报纸内容的精彩。

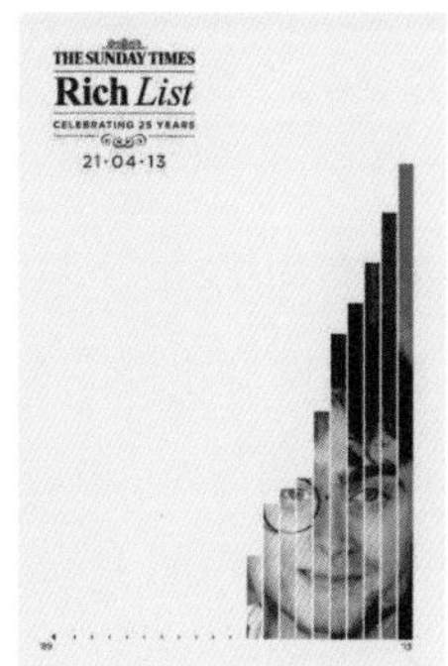

◎ 图2.3-17 《星期日泰晤士报》平面广告

为了使作品或刊物的版面不太过单调与呆板，版式中的面形态通常都是以组合的方式呈现的。该类别的组合编排不仅丰富了版式结构，同时还能使版面的表现形式得到拓展，并带给观看者更加多元化的视觉效果。如图2.3-18所示的“DON'T”海报设计，运用简单的几何形状和鲜艳的色彩突出严肃的环保主题。

◎ 图2.3-18 “DON'T”海报设计（意）Marco Oggian

在人们所接触的出版物中，有些是以商务、学校和公益等元素为题材的，这些刊物给人的印象是严肃与拘谨的。因此，在设计这类刊物的版面时，应尽量减少版式中面形态的类型，以求塑造版面结构

当色彩、插图、照片等多项要素表达含义比较模糊时，文字就起到了重要的传达信息的作用。作为版面设计中不可或缺的重要元素之一，不同字体、字体大小和编排方式等都会直接影响着版面的易读性和最终效果。在现代社会中，字体设计具有信息传播与视觉审美两大基本的功能。

的简洁与务实，从而增强版面信息的可读性和真实性。如图 2.3-19 所示，通过简洁的、大小不一的方形几何面，烘托出版面的规整和务实。通过对大小不一的几何面的编排，可形成相对灵活的版面结构，使版面富有层次。

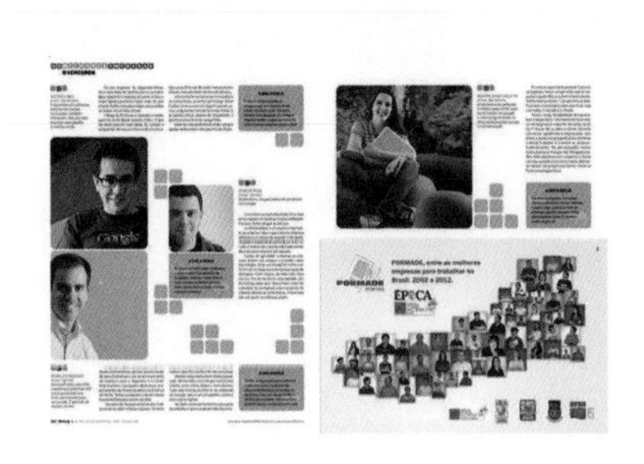

◎ 图 2.3-19　杂志版面的布局设计

2.4　文字的编排

当色彩、插图、照片等多项要素表达含义比较模糊时，文字就起到了重要的传达信息的作用。作为版面设计中不可或缺的重要元素之一，不同字体、字体大小和编排方式等都会直接影响着版面的易读性和最终效果。在现代社会中，字体设计具有信息传播与视觉审美两大基本的功能。

如图 2.4-1 所示，字体设计个性十足，整体采用笔画共用式的创意，其中“快乐”和“儿童节”分

◎ 图 2.4-1　TCL 的儿童节海报

中文字体非常工整，编排的灵活性相对较小，难度较大。

别为两组连体字，共用了竖笔画。另外，该海报除了笔画共用的创意，同时还使用了拼字、局部替换的字体设计方法，这 3 种方法并存画面并没有显得杂乱突兀，反而更加具有童趣。

2.4.1 字体间的编排

字体间的编排是有规则的，编排字体的主要目的在于传递信息的同时要确保画面的协调性。在对不同字体进行编排时，应该力求达到画面协调与阅读流畅，如图 2.4-2 所示。

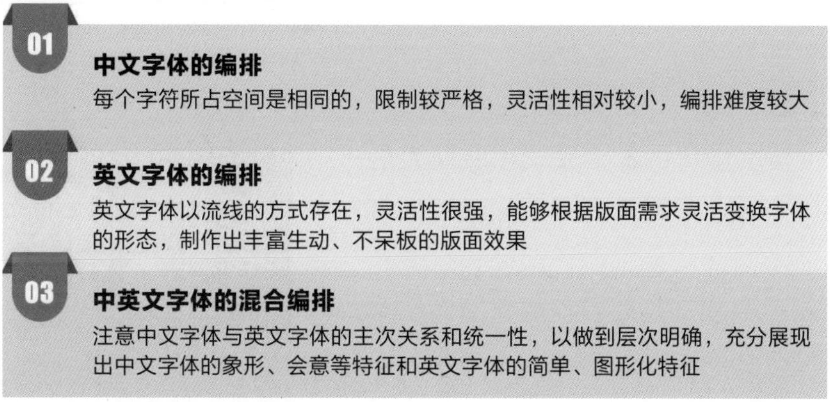

01 **中文字体的编排**
每个字符所占空间是相同的，限制较严格，灵活性相对较小，编排难度较大

02 **英文字体的编排**
英文字体以流线的方式存在，灵活性很强，能够根据版面需求灵活变换字体的形态，制作出丰富生动、不呆板的版面效果

03 **中英文字体的混合编排**
注意中文字体与英文字体的主次关系和统一性，以做到层次明确，充分展现出中文字体的象形、会意等特征和英文字体的简单、图形化特征

◎ 图 2.4-2 字体间的编排

1. 中文字体的编排

中文字体属于方块字，具有较强的轮廓性，而且每个字符所占空间是相同的，限制较严格。如段落开头必须空两格、垂直文字必须从右往左等规则。这是一种非常工整的字体，因此灵活性相对较小，编

英文字体能够根据版面需求灵活变换其形态，改善版面僵硬、呆板的问题，制作出丰富生动的版面效果。

排难度较大。如图 2.4-3 所示，文字排版采用传统的竖向书写的行楷体，给人温和、舒适、平静的感觉，塑造了品牌的高品质和可信赖感。

◎ 图 2.4-3 文字版式设计

2. 英文字体的编排

英文字体的轮廓表现出较明显的流线方式，灵活性很强，能够根据版面需求灵活变换字体的形态，以便改善版面僵硬、呆板的问题，制作出丰富生动的版面效果。如图 2.4-4 所示，极具柔韧性的字体像个杂技演员，有着高弹性和伸展能力。它可以是文字信息表达的组成部分，也可以只作为图形。即使做了大幅度的变形，它仍可以很直观地给观看者传达文字信息，同时作为视觉元素的一部分，也可以承载颜色、图形及个性。

◎ 图 2.4-4 字体海报设计

英文尽量不要使用中文自带的字体。中英文字体搭配应遵循 3 个原则：限制字体数量、建立视觉层次、风格与气质相统一。

3．中英文字体的混合编排

在版式设计中经常会遇到中英文混合编排的情况。中文字体的象形、会意等特征和英文字体的简单、图形化特征要充分结合，才能展现出两种字体的优势。编排时应注意中文字体与英文字体的主次关系，做到层次明确；而且还要注意字体的统一性，以避免因字体变化过多而造成版面杂乱。如图 2.4-5 所示，纪录片的名称为中国传统的书法字体，非常大气稳重；英文翻译名称位于画面的底部，字号不大，但是因做了立体处理而呈现出非常细腻的设计感。

◎ 图 2.4-5 《河西走廊》纪录片海报

2.4.2 文字的对齐方式

文字的编排需要一定的对齐方式，以确保整体效果统一和阅读方

文字从左端到右端的长度均齐，段落显得规整、严谨、美观，此排列方式是书籍、报刊较常用的一种。

便。常用的对齐方式有左右均齐、齐左/齐右、居中对齐、首字突出、文字绕图和齐上对齐，如图 2.4-6 所示。

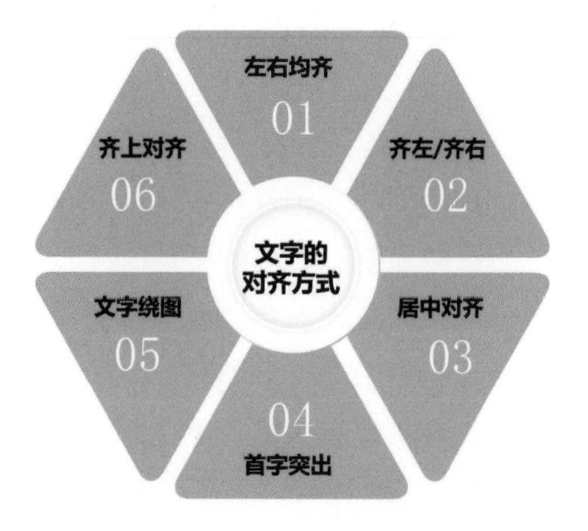

◎ 图 2.4-6　文字的对齐方式

1. 左右均齐

文字从左端到右端的长度均齐，段落显得规整、严谨、美观，此排列方式是书籍、报刊较常用的一种。

当版面文字信息较多时，就可以考虑使用左右均齐的文字排列方式。将大量文字以该方式排列在版面中，利用规整的布局样式使画面整体显得平静、舒缓。通过左右均齐的排列方式可减轻大篇幅文字带来的心理压抑，从而增强观看者对版面的感知兴趣。如图 2.4-7 所示的杂志版式设计，正文以左右均齐的方式进行排版，版面表现出整齐、干净的视觉效果。

◎ 图 2.4-7　杂志版式设计

齐左或齐右的排列方式有紧有松，有虚有实，能够使版面效果飘逸又有节奏感。

当版面中的文字量处于较少的状态时，同样可以将它们以左右均齐的方式进行排列，通过该种方式可以使文字段落呈现出端正的编排结构，从而增添了版面局部的严谨性，同时使版式整体呈现出自然、和谐的一面。如图 2.4-8 所示，不同字体和大小的文字构成整个版面的内容，中英文内容的相互结合全面阐述了展览的主题、地点、内容，使海报的受众群体更为广泛。另外，不同色相和面积的色块组合，使不同的信息呈现更为积极的效果。

◎ 图 2.4-8 “南坡秋兴”海报设计

2. 齐左 / 齐右

文字齐左或齐右时，其行首或行尾会自然产生一条清晰的垂直线，在与图形的配合上容易协调和取得同一视点。齐左排列显得自然，齐右虽不符合人们的心理习惯，但显得新颖。

齐左或齐右的排列方式有紧有松，有虚有实，能够使版面效果飘逸又有节奏感。

> 齐右排列有违人们的阅读习惯，因此该类排列在视觉上会给人以不协调的印象，但也可为版面增添几分新颖的效果。

1） 齐左

齐左排列是指将每段文字的首行与尾行进行左对齐，而右侧则呈现出错位的效果。该类排列方式在结构上与人们的阅读习惯相符，因而能使观看者在浏览时感受到轻松、自然。如图 2.4-9 所示，所有的文字齐左排列，结合字体的大小、色彩与距离的设计，打造出极简且富有秩序感、主次分明、舒适的阅读空间。

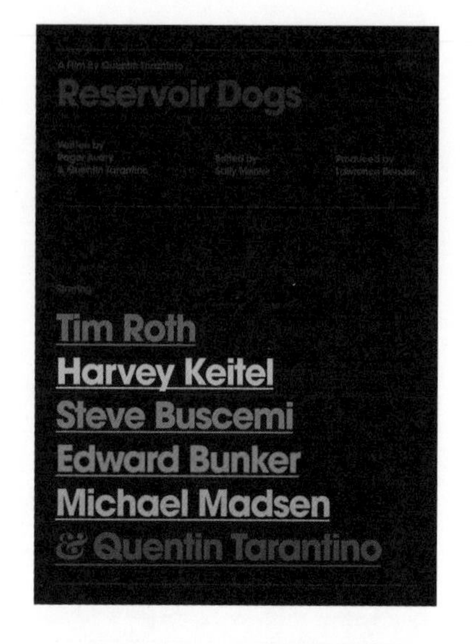

◎ 图 2.4-9　电影海报设计

2） 齐右

齐右排列是指将每段文字首行与尾行的右侧进行对齐排列，而左侧则呈现出参差不齐的状态。齐右与齐左是两组完全对立的排列方式，而且它们在结构与形式上都各具特色。由于齐右排列有违人们的阅读习惯，因此该类排列在视觉上会带给人以不协调的印象，但也可为版面增添几分新颖的效果。如图 2.4-10 所示，将字数不多的说明文字以右对齐的方式排列，打造出不一样的版面结构，强化了版面的形式感。

◎ 图 2.4-10　国外海报设计

以中心为轴线，两端字距相等。其特点是观看者的视线更加集中，中心可更突出，整体性更强。

通过突出段首文字来强调该段文字在版面中的重要性，同时吸引观看者的视线，从而完成信息的传达。

3. 居中对齐

文字居中对齐是以中心为轴线，两端字距相等，其特点是观看者的视线更加集中，中心可更突出，整体性更强。文字的中线最好与图片的中线对齐，以取得版面的统一。

在进行文字的居中排列时，也可以将版面中其他的视觉要素纳入文字段落的排列中。将版面中的图形与文字均以居中的方式进行排列，通过这种方式来统一画面的版式结构，并使版式表现出强烈的和谐感。如图 2.4-11 所示，文字居中对齐呈竖向排列，画面整体效果稳重和谐。“重影”两字光影交错，切合了展览的主题。

◎ 图 2.4-11　北岛摄影展的海报

4. 首字突出

在版式设计中，可以通过突出段首文字来强调该段文字在版面中的重要性，同时吸引观看者的视线，从而完成信息的传达。在实际的设计过程中，常通过配色关系、外形特征和大小比例等艺术加工方式来突出首字的视觉形象。如图 2.4-12 所示的杂志版式设计，将标题与段落的首字母进行放大、艺术化变形和着色处理，使版面整体的关注度得到大大提升，并能有效引发观看者的感知兴趣。

◎ 图 2.4-12　杂志版式设计

标题首字的突出，从视觉意义上可以加强该段文字的视觉凝聚力。由于标题本身就是版面中最为醒目的视觉要素之一，将该段文字的段首文字进行强化处理，能有效提升观看者的关注度。

在信息量较多的版面中，为避免文字数量过多而降低版式结构的整体性，通常会选用字号较小的文字。由于字号普遍较小，致使版面呈现出密密麻麻的效果，此时可以采用段落首字突出的方式来点亮整个版面，同时将观看者的视线吸引到该段文字之上。如图 2.4-13 所示，将正文的首字字母“A”进行放大和倾斜处理，强调了该篇文字信息的重要性，提高了文字信息的传达效率。

◎ 图 2.4-13　英文报纸的版式设计

将图片插入文字版中，文字绕排到图形边缘，此方法给人亲切自然、融洽、生动之感。

5. 文字绕图

文字绕图是将图片插入文字版中，文字绕排到图形边缘。此方法给人亲切自然、融洽、生动之感，是时尚杂志中最常见的表现形式之一，如图 2.4-14 所示。

◎ 图 2.4-14　女装杂志封面

报刊、杂志和网页等设计在版面中含有大量的文字信息，在这类设计中运用文字绕图的排列方式,可提升版面整体的趣味性，不仅能有效地减轻文字版面所带来的枯燥感，还能加强图形与文字的视觉表现力。如图 2.4-15 所示，利用文字绕图的编排方式增强了版面中图片与文字的互动。

◎ 图 2.4-15　新闻报纸的版式设计

在进行文字绕图编排时，应考虑编排形式与版面主题是否相符，以免影响整个版面的情感表述，从而传递给观看者一个不准确的信息，或是破坏他们的感知兴趣。如图 2.4-16 所示，根据版面主题的要求，将文字以密集的形式排列在树叶剪影的周围，构成树叶阴影的形态。版面的空间感更强，文字的编排方向自由且不拘一格。

◎ 图 2.4-16　书籍的版式设计

6. 齐上对齐

齐上对齐是将文字以竖直的走向进行排列，以确保每段的首个文字在水平线上对齐。通过该种排列方法可以打造出文字的齐上对齐效果。

在我国，古文或一些竖排的文字中一般采用齐上对齐的方式（见图 2.4-17）。目前，这种编排方式已经不常见。因此，将齐上对齐的文字排列运用到版式设计中时，版面会呈现出独特的版式效果。如图 2.4-18 所示，将文字以齐上对齐的方式排列，有效地迎合了以中国二十四节气为表现元素的文字设计需要。

◎ 图 2.4-17 《玄秘塔碑》

（唐）柳公权

◎ 图 2.4-18　立秋的海报设计

线条纤细、前端尖锐的直线形文字设计，给人以危险、锋利的印象；线条粗大、前端浑圆的文字设计，可给人容易亲近、柔和或可爱的印象，如采用类似手写字的随意字体，更能加深这样的印象。

2.4.3 文字的语言意象

文字除传递文章的内容之外，其形状、线条的强弱，以及文字周边的图画等相关的视觉信息，这些意象往往会给观看者留下深刻印象，如图 2.4-19 所示。

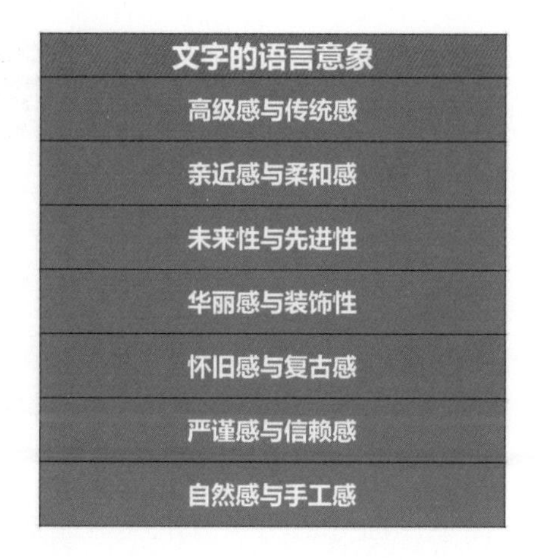

文字的语言意象
高级感与传统感
亲近感与柔和感
未来性与先进性
华丽感与装饰性
怀旧感与复古感
严谨感与信赖感
自然感与手工感

◎ 图 2.4-19 文字的语言意象

1. 高级感与传统感

西方语系字体的衬线体会比无衬线体显得有格调；就东方语系字体而言，宋体感觉比黑体高雅，衬线体和宋体比无衬线体和黑体更为历史悠久，并长期为人们所使用，如图 2.4-20 所示。

◎ 图 2.4-20 字体体现的高级感与传统感

2. 亲近感与柔和感

人们看到形状尖锐、细长的物体就会感到紧张。如锥子、小刀、针，若使用不当是具有危险性的。在自然界中，尖锐的叶子或岩石，若不谨慎也会有割伤皮肤的危险。然而在自然界和人工制成的物品中，圆滑的形状则以安全、无害的居多，可给人以“安心感”和“容易亲近”的印象，如图 2.4-21 所示。

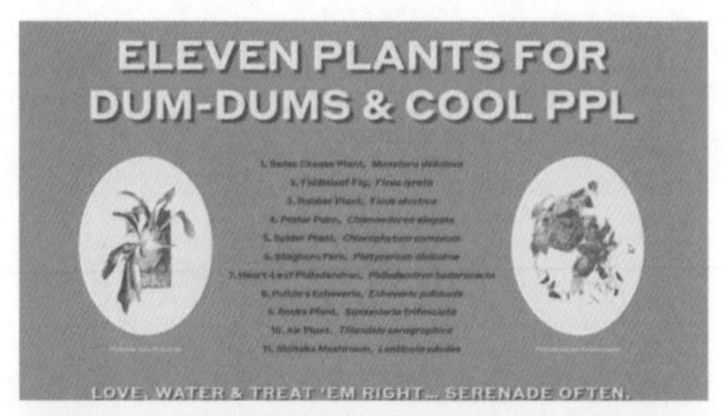

◎ 图 2.4-21　字体体现的亲近感与柔和感

文字也有同样的心理作用。线条纤细、前端尖锐的直线形文字设计，给人以危险、锋利的印象；线条粗大、前端浑圆的文字设计，可给人容易亲近、柔和或可爱的印象，如采用类似手写字的随意字体，更能加深这样的印象。

3. 未来性与先进性

在工业产品、流行元素、音乐等领域，一般要求呈现“先进”“崭新”和“精致”的意象。要想通过文字来呈现这样的意象，可分为以下两个阶段。

第一阶段，选用装饰要素少的文字。文字的构成要素越简单抽象感就会越强，因而呈现出一种现代感。在西方语系的字体中，无衬线体的线条形状比衬线体更简单；在东方语系字体中，黑体的线条形状比宋体要简单，如图 2.4-22 所示。

◎ 图 2.4-22　字体体现的未来性与先进性

第二阶段，适合使用黑色或灰色这类颜色，可营造出充满先进、未来感的意象。红色和蓝色只适合用在重点部位上，其他部分则要减少色彩的使用。如图 2.4-23 所示，在采用特色文本字体的同时，通过 3D 技术、流体和发光特效的应用，为用户呈现了极具科幻风的排版布局设计。通过使用交互式设计和音频的点缀，使这款网页设计更具未来感。

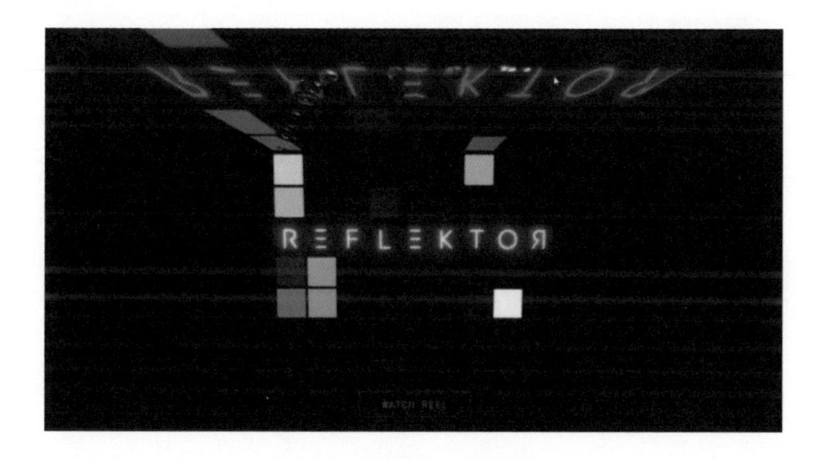

◎ 图 2.4-23　网站设计

4. 华丽感与装饰性

18 世纪后半叶人们开始不断地加强文字的装饰性，其目的很明显，就是要吸引人们的目光，希望通过文字部分的设计能与其他商品或店家有所区别。因此，随着文字功能性的提升，文字的设计性也逐渐受到重视。

这类文字设计被称为“幻想系”。吸引人目光的幻想系文字，在重视意象的现代是不可或缺的一种文字设计方法。

使用“幻想系”的文字时，要注意它的可读性。装饰性越高意象的力道越强，越会降低它的可读性。特别是将其用在长篇文章中，会让观看者感到视觉疲劳，难以传达其中的内容。这种设计通常只用于某几个重点字，或某些部分。如图 2.4-24 所示，将主题字“处暑”进行了局部的替换处理，不管是稻穗、绿叶还是喜鹊的形象，都充满了浓浓的夏秋气息，表达了丰收的喜悦，丰富了“处暑”的内涵，让文字有了生命力。

◎ 图 2.4-24　移动阅读平台 ZAKER 的处暑借势海报

5. 怀旧感与复古感

如同插画与照片的质感有其流行性一样，文字也要有符合时代需求的设计。采用怀旧的文字设计需要事先了解那个时代的文化特色。

设计者应巧妙掌握流行的走向，转变其设计的特色，便可借此重现充满怀旧感的平面设计，如图 2.4–25 所示。

◎ 图 2.4–25　字体体现的怀旧感与复古感

6. 严谨感与信赖感

文字原本不具有设计性，只是传递信息的道具。传递的信息有时也会有误，也有虚假或编造的信息。现代人不只是通过书籍和报纸，还可以从电视和网页的众多信息中挑选值得信赖的内容。如图 2.4–26 所示，高清精美的图片结合美观易懂的文字排版设计，漂亮而不失实用性，页面风格直观且高效。

◎ 图 2.4–26　网页设计

用来提高“信赖感”的文字设计，在东方语系文字方面，历史悠久的宋体比黑体更适合。像字典和报纸这类信息表达客观性的印刷品，几乎都采用宋体。如图2.4-27所示，字体为宋体，体现了新闻内容的严谨性，版面上用彩色印刷插图，插图活泼生动，增强了图文对照的阅读效果。

MY LOVE

2011上半年明星结婚教科书

亲爱的
让我们按程序
结婚吧

◎ 图 2.4-27　版式设计

此外，设计者在排版时要特别留意将版面配置得宽松、易读。像字距过近或是文字在版面上显得过大，都会给人以杂乱的印象，容易使人对内容的信赖度大打折扣。

文字采用的颜色要避免粉红色和黄色这类鲜明的颜色，以白底黑字、蓝底白字等清晰且带有对比的配色较为适合，如图2.4-28所示。

MELTING POT
WORLD DRAWN
TO BEIJING, P26

MADE IN CHINA
GERMAN MODEL
FAVORED, P32

CHINA DAILY
AFRICA
WEEKLY

FLYING HIGH

BUSINESS

LONG-TERM
FOCUS

5.2b
yuan

BUILDING NEW
MARINE ECONOMY

Chinese shipyards begin making high-end vessels for domestic and overseas customers, taking on global competitors

◎ 图 2.4-28　报纸的版式设计

7. 自然感与手工感

设计中使用计算机字体、照相排版、铅字印刷等可产生端庄好看、容易阅读的效果，但不适合用来传达自然感与手工感。

要以文字来呈现自然感与手

要以文字来呈现自然感和手工感，就要尽可能挑选圆滑的字体，在搭配时，文字之间的空间要宽松些。

工感，首先要尽可能挑选圆滑的字体，在搭配时，文字之间的空间要宽松些，如图 2.4–29 所示。再者，对每个字的大小和角度进行微调，赋予其变化，这样能给人更自然的印象。

近年来，人们崇尚自然，所以也开发出一些看似手写字的计算机字体，如儿童字体、省略文字笔画或加上爱心符号等；再如模仿毛笔或钢笔效果的字体设计。各种五花八门的字体设计都有，可以按需要的意象挑选，如图 2.4–30 所示。

◎ 图 2.4–29

《神奇乐园历险记》的海报

◎ 图 2.4–30

房地产的海报

在呈现自然效果时，文字的质感（素材感）需要注意避免选用过于鲜明的色彩，尽可能降低与背景色的对比。那些能让人联想到花草的绿色和黄色、天空和水的蓝色、白云与清洁感的白色，这些搭配都很适合。

2.4.4 字体设计的基本流程

字体设计与其他设计一样讲究正确的设计方法。先从搜集资料开始，详尽地分析设计对象并对其做出正确的定位，然后进行各种方案的优化，直至最后制作完稿。这是一个较为系统的过程。

设计需要考虑多方面的因素，如怎样把握主题、明确任务的本质？设计定位是为了传递信息还是增加趣味？或者两者兼有？在何处展示和使用？设计载体、形态、大小和表现手段是否恰当？设计的切入点是什么？创造的表现方式是否正确？表达是否清楚？表现内容是严肃的，还是幽默的？信息是否有先后次序？是否需要编辑？

一旦有了主题和创意，先用草图记录下来，考虑使用何种色彩、形态、肌理来表现某种风格，通过这种方法可以对创意所需要的形式进行判断。随后需要收集相关的视觉素材作为参考，以使设计更具有可信度。从好的摄影、设计杂志和相关书籍都可以借鉴到有用的素材。

通过进行多种视觉尝试是非常有用的。放开思路，以视觉方式进行思考，不要过多考虑细节，应该把色彩放进构思中而不能到最后环节才考虑。设计开始时可以使用记号笔、色粉笔和水粉笔等工具，先明确最合适的部分，再做进一步的修改，针对设计的每个部分逐个进行发展和提炼。在完成之前，要全面考虑形态、大小、粗细、色彩、纹样、肌理及整体的编排。有时设计过程中的错误也会演变成为一种意想不到的设计效果。

如果对设计的效果不满意，可以做第二种或第三种方案。每种方案的设计都必须深入下去，频繁地更换想法只会导致失败和灰心的结果。最终的设计作品必须能够准确地反映出设计的本质，有时还要考虑在不同媒体上使用的可能性，然后可以将设计稿打印出来，或在设计软件中进行虚拟演绎，审视一下整体效果。

在字体设计中经常要结合多种制作方法，如将图片或纹样嵌入设计好的字体中，以产生肌理效果；将书法风格的字体通过扫描仪与挺拔光洁的字体相结合等。

字体设计的基本流程如图 2.4-31 所示。

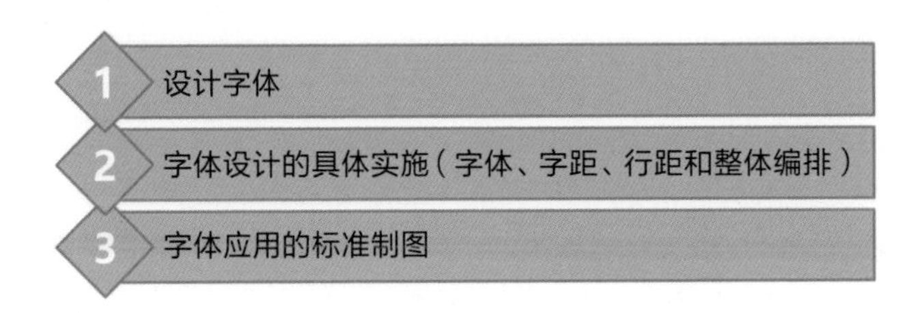

◎ 图 2.4-31　字体设计的基本流程

1. 设计定位

正确的设计定位是设计字体的第一步，它来自对其相关资料的收集与分析。当准备设计某款字体时，应当先考虑该字体要传递的信息内容给观看者带来的感受，然后再强调字体的个性识别和表现手段，以及字体在实际应用中的制作方法。有了对这些问题的思考，设计者的设计工作也就有了较为明确的内容。由于字体在应用上的多样性，因此其设计定位也不相同，如有的要求严肃端庄，有的要求活泼轻松，有的要求高雅古典，有的要求怪异现代，还有的则要求两者兼备。总之，设计者在设计字体时要考虑不同的定位，使其最终结果能够符合各种信息内容的设计定位。

2. 字体大小的选择

字体大小的标准包括号数制、点数制、级数制，其规格以正方形的汉字为准。

号数制：采用不成倍数的集中活字为标准，字体大小的标称数越小，字体越大，使用起来简单方便。使用时不需要考虑字体的实际尺寸，只要指定字体大小即可。由于该字体大小之间没有统一的倍数关系，所以换算起来有些不便。

点数制：点数（point）也叫磅值。它通过计算字体外形的点值来作为衡量的标准。

级数制：根据手动照排机的镜头齿轮来控制字形的大小，每移动一齿为一级，并规定一级等于 0.25mm，1mm 等于 4 级。

如表 2.4-1 所示为印刷字体大小的规定。

表 2.4-1　印刷字体大小的规定

号数	点	级数	mm	主要用途
初号	42	59	14.82mm	标题
小初	36	50	12.70mm	标题
一号	26	38	9.17mm	标题
小一	24	34	8.47mm	标题
二号	22	28	7.76mm	标题
小二	18	24	6.35mm	标题
三号	16	22	5.64mm	标题、公文正文
小三	15	21	5.29mm	标题、公文正文
四号	14	20	4.94mm	标题、公文正文
小四	12	18	4.23mm	标题、正文
五号	10.5	15	3.70mm	书刊报纸正文

字体选择是文字编排设计的第一步，将字体看作一种独立的艺术

形式，并对其进行艺术再加工，使其符合设计者的个性和情感意识。因此，字体的选择对文字的整体编排具有非常重要的作用。不同的字体具有不同的造型特点，在选择字体时，先要从设计的风格、文字的整体内容等方面进行考虑。字体选择的差异化往往使内容呈现出一种对比的效果，更加凸显设计的特色。如中文字体样式很多，一般选择两到三种文字样式为宜，否则会使内容呈现一种零散、混乱的效果，无法很好地体现出设计的整体性。

尤其要注意的是，中英文之间的阅读方式和解读方式都有本质的区别，因此，中文的编排不能照搬英文的编排方式，它们在编排方式上的区别，如图 2.4-32 所示。

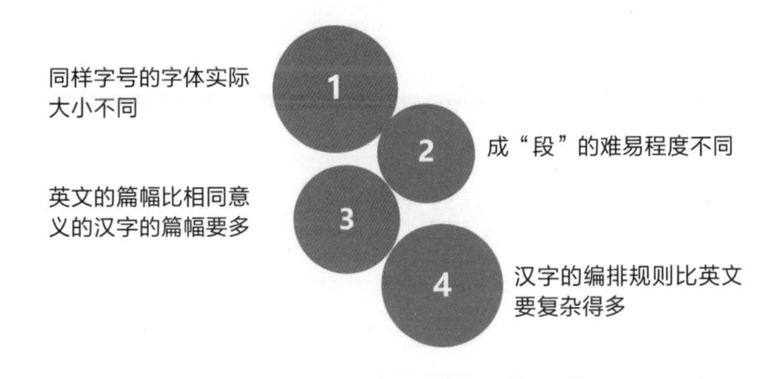

◎ 图 2.4-32　中文与英文编排方式的区别

1） 同样字号的字体实际大小不同

因为英文使用字母，其构成结构非常简单，一般在印刷上 5 号大小的英文都能清晰可辨，而汉字因为结构复杂，在印刷上 5 号字已经接近辨认极限了。在设计时因为要考虑汉字的可阅读性，所以汉字的字号大小就不如英文的字号大小灵活多变。还有英文字母线条因为比较流畅、弧线多，所以画面容易产生动感，在这一点上比汉字生动多变。

2） 成“段”的难易程度不同

因为每个英文单词都有一定的横向长度，有时一个单词就相当于中文一句话的长度，单词之间以空格作为区分，所以在排版英文时，哪怕是一句话也可作为“段”来考虑编排。

而在这一点上中文就完全不同了，中文的每个字所占的字符空间一样，非常规整，一句话在一般情况下是不能拆成“段”来处理的，所以中文在排版的自由性和灵活性上不如英文，各种限制较英文严格。虽然现代设计中有大量对汉字进行解构的实验作品和商业作品，但总体来说，还是不能大量推广，毕竟，这种实验牺牲的就是人们阅读汉字的习惯性和方便性。汉字的整体编排容易成句、成行，视觉效果更接近一个个规则的几何点和条块；而英文的整体编排容易成段、成篇，视觉效果比较自由活泼，有更强的不连续线条感，容易产生节奏感和韵律感。

3） 英文的篇幅比相同意义的汉字的篇幅要多

在设计时，英文本身更容易成为一个设计主体。因为英文单词的字母数量不同，在编排中，对齐左边时右边会产生自然的不规则错落，这在汉字编排时不太可能出现，汉字编排时每个段都是一个完整的“块”，很难产生这种错落感。

4） 汉字的编排规则比英文要复杂得多

汉字的编排规则包括段前空两字，标点不能落在行首，标点占用一个完整字符空间，竖排时必须从右向左，横排时从左向右等，这些规则给汉字编排提高了难度。而英文段落在编排时只能横排（从左向右），段前不需空格，符号占半个字符空间，这给英文编排提供了更大的灵活空间。这些区别在设计时都要特别注意，不要照搬英文的排版模式来编排汉字，处理不好就会变得不伦不类。

在文字设计时通常采用的字距、行距比例为 10:12。行距必须适当，过窄会影响读者阅读，过宽会降低文字的连贯性和延伸性。

3. 字距、行距的选择

字距、行距的选择通常依靠设计者的直觉，是设计者对编排设计的一种心理感受的表达，同时也能够很好地体现出设计的品位。文字设计中对字距、行距的把握是为文字编排服务的，其目的是方便阅读。在文字设计时通常采用的字距、行距比例为 10∶12。行距必须适当，过窄会影响读者阅读，过宽会降低文字的连贯性和延伸性。从设计的角度来说，行距对平面设计具有一定的装饰作用。设计者有意识地对行距进行调整，能够更加凸显内容的主体性。例如，较宽的行距能够使文章内容表现得更加活跃、轻松，使版式的娱乐性效果更加强烈。通过设计者对行距的精心安排，能够增强内容的层次，使整个版式的自由度更高，体现出不一样的版式特性，如图 2.4-33 所示。

◎ 图 2.4-33　字距、行距的选择

文字的编排设计除要把握各个细节的要求之外，还必须注重文字内容的整体编排，各个段落内容应符合文章的整体编排需求。

4. 文字的整体编排

文字的编排设计除要把握各个细节的要求之外，还必须注重文字内容的整体编排，各个段落内容应符合文章的整体编排要求。从全局出发，段落文字不能过于凸显而影响文章的整体布局。主次不分、本末倒置的编排顺序会对视觉审美造成一定程度的破坏。如果版式整体编排氛围被破坏，单独段落的精细编排也起不到改善整体编排完整性的作用。整体编排在一定程度上必须依靠对各个细节的把握，有时候某个微小的细节差距都有可能影响整个作品的风格和品位。因此，在文字编排时，首先要对文案进行群组编排，将文字内容组成一个完整的框架，然后按照其逻辑顺序进行段落的分割，使其在保持文字完整性的同时，又能突出个性。此外，还要注重对细节的精细设计，为文字的整体编排设计增加质感。

5. 字体应用的标准制图

字体在设计完成之后，通常要配以设计制作图，以便于具体的应用。特别是在设计企业形象的过程中，更应强调文字的标准制图稿。

标准制图稿一般的制作方式是先用等分的线规划出若干正方格，再将设计好的字体配置其中。有时为了配合字体的外形，可用圆形和三角形为基准，所用的圆形应采用同心圆，三角形则以等分线为单位，以便计算面积和比例。总之，制图稿应以简单明了、快捷易用为基本原则。

制图时需要注意的事项如图 2.4-34 所示。如图 2.4-35 所示为中国邮政字体应用的标准制图。

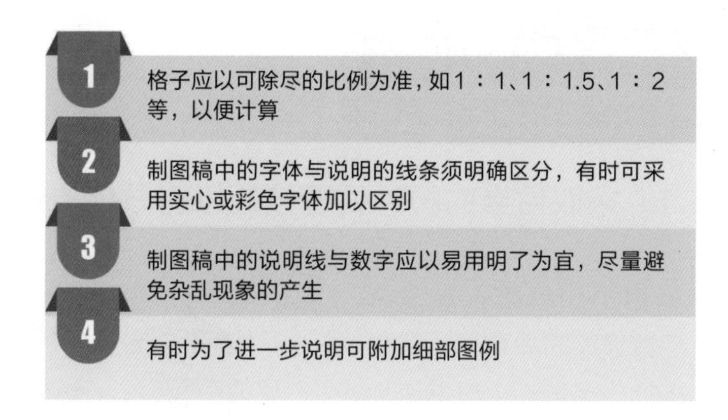

◎ 图 2.4-34　制图时需要注意的事项

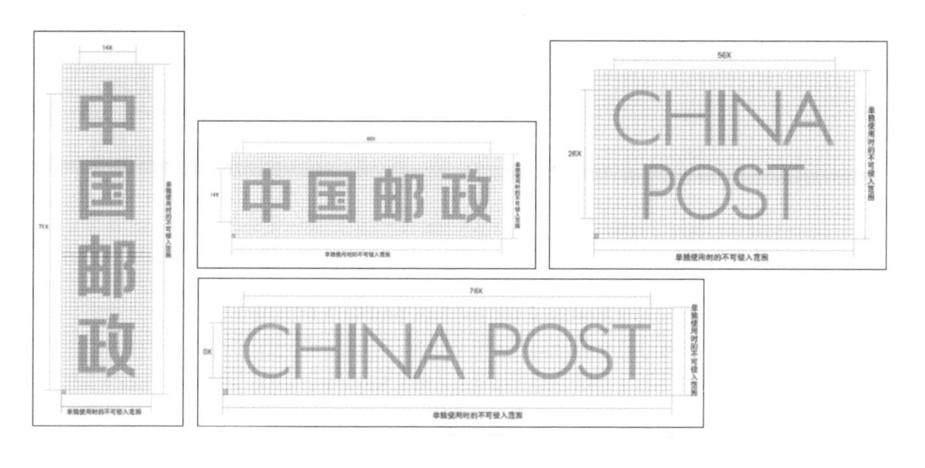

◎ 图 2.4-35　中国邮政字体应用的标准制图

2.5　图片的编排

作为版式设计中的重要元素之一，图片比文字更能吸引观看者的注意力。图片不但能直接、形象地传递信息，还能使观看者从中获得美的感受。因此，图片的编排方式对版面效果起到至关重要的作用。

角版图形是生活中较常见的一种图片形式，它拥有规整的外形结构，并能维持版面结构的平衡关系，因此常被运用到书刊、杂志等商业领域。

2.5.1 采取恰当的图片处理技巧以有效地传递信息

图片的大小和位置关系将直接影响信息传递的先后顺序，这也是图片分类的一个标准。根据图片的功能及内容可以确定其大小及编排位置，以有效地传递信息。如图 2.5-1 所示为图片的处理方式。

◎ 图 2.5-1 图片的处理方式

1. 角版图片

角版图片又称方形图片，它们在外形上呈现正方形或矩形的样子，这类图片大多由摄影器材拍摄所得。角版图片是生活中较常见的一种图片形式，它拥有规整的外形结构，并能维持版面结构的平衡关系，因此常被运用到书刊、杂志等商业领域。

在版式设计中，将规格不同的角版图片编排到同一个版面中，利用图片在外形上的对比关系来增添版面的变化效果，打破呆板的版式格局，从而提高观看者对版面的感知兴趣。如图 2.5-2 所示的 IMDB 网页设计中，将多张图片等量地安排在一个版面上，可使众多内容一目了然。

由于角版图片具备简洁的外形，因此它能最大限度地突出图片中的视觉信息。在版式的编排设计中，为了进一步强调图片的内容，可将外形完全相同的角版图片组合在一起，以规整的形式编排到版面中，

> 图版率是版面中图片与文字在面积上的比例。图版率的高低由版面中图片的实际面积决定。

利用整齐且直观的编排方式来提升画面的统一感。如图 2.5-3 所示，尺寸大小相同的角版图片规整地排列在版面中，以打造出规范严谨的版式结构。通过模特的各种肢体造型表现出英文的 26 个字母，给人有趣、活泼的感觉。

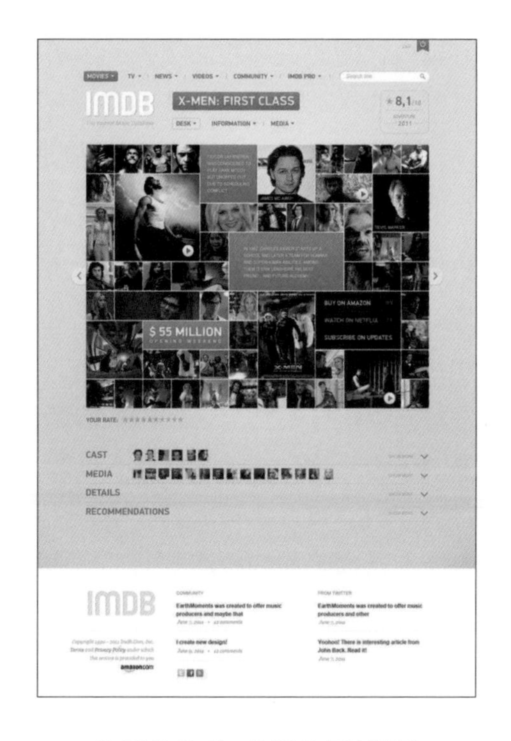

◎ 图 2.5-2　IMDB 网页设计

2. 图版率

图版率是版面中图片与文字在面积上的比例。图版率的高低由版面中图片的实际面积决定。设计者会根据设计对象的需求来设定该页的图版率。

除此之外，图版率还是影响版面视觉效果的重要因素。利用图版率来调节文字与图片之间的空间关系，可通过不同的组合方式，使画面表达出相应的主题情感。

◎ 图 2.5-3　杂志的海报设计

随着生活节奏的不断加快，人们的阅读时间变得越

在低图版率的版面中，观看者将面对大量的文字信息，此时图片在版面中起到调节的作用。

来越少，因此，那些文字少、图版率高的版式作品往往最先引起观看者的阅读兴趣。然而，并不是所有的版式作品都以高图版率为设计目标，那些以文字为主要表达对象的版面，其图版率就显得相对较低。

高图版率是指版面中的图片占据了大量的面积，成为画面的主导元素。在高图版率的版面中，文字信息变得相对较少，而大篇幅的图片元素能在视觉上呈现给人们更多的内容与信息，并能产生一种阅读的活力。通过这种编排方法，能有效地增强版面的传播能力。如图 2.5-4 所示，图片占据了大量的版面面积，成为画面的主导元素，有效地增强了版面信息的传播效果。

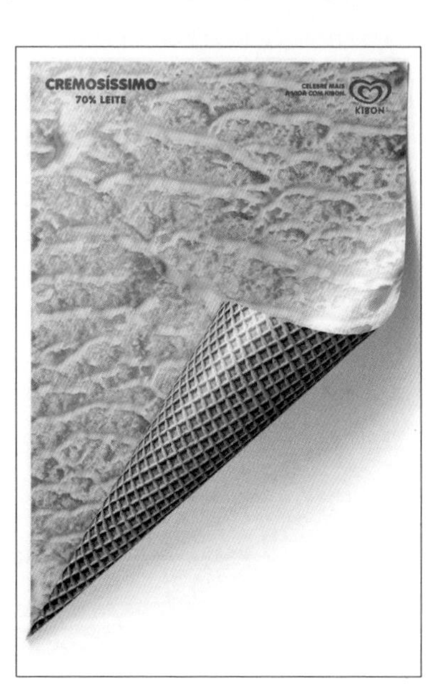

◎ 图 2.5-4　冰淇淋的海报

低图版率就是指图片在版面中占据的面积相对较少，此时，文字内容自然就变得丰富起来。在低图版率的版面中，观看者将面对大量的文字信息，此时图片在版面中起到调节的作用。通过少量的图片内容来丰富版式的结构，从而避免过多的文字信息在视觉上带给人们的疲劳感。如图 2.5-5 所示，占据版

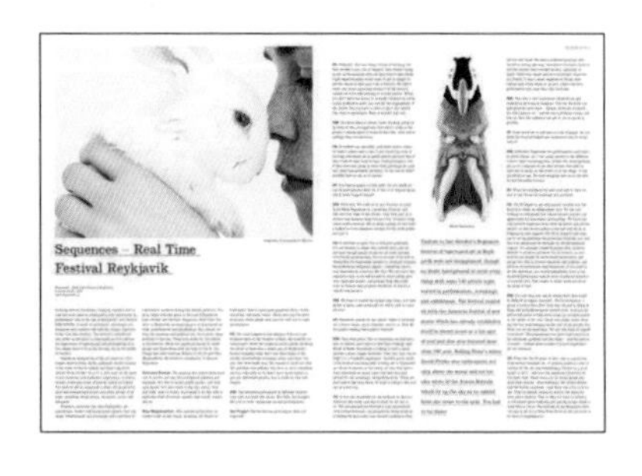

◎ 图 2.5-5　英文书籍的版式设计

出血线的作用主要表现为在进行成品裁剪时，通过将版面中的有效信息安排在出血线内，以确保色彩覆盖版面中所有要表达的区域。

面大部分面积的段落文字给人以丰满的感觉。

适中的图版率是指在同一版面中图片与文字要素的面积比例应为1∶1的关系。需要注意的是，这种等量比例是相对的，可利用文字与图片在面积比例上的等量关系来维持版式结构的均衡感，使两者均得到有效的强调。

3. 出血图片

出血线即印刷术语中的“出血位”，它的作用主要表现为在进行成品剪裁时，通过将版面中的有效信息安排在出血线内，以确保色彩覆盖版面中所有要表达的区域。除此以外，还可以利用印刷中的出血线来进行创作，以此打造出具有独特魅力的版式效果。

出血线的标准是经过精密计算的。在印刷中，不同规格的纸张有着不同的出血标准。对图片进行标准的出血剪裁，去除多余部分的图片，将有价值的视觉信息保留在版面中，从而提升图片要素的表现力。如图2.5-6所示，对图片进行有针对性的裁切，将最能表现主题的鲜活商品满版保留，更能表现出“鲜·美·生活”的品牌诉求。

◎ 图2.5-6　盒马的生鲜广告

在进行出血图片处理时，一般情况下会将图片的四边多留出 3mm，以避免由于剪裁造成图片偏小而漏出页面的白底，进而影响画面的效果。如果希望某些图片更加引人注目时，可以对图片进行出血处理，通过将图片放大至超过页面大小的程度，使页面显得更加宽广。需要注意的是，不能将图片中的重要内容放在订口处，以免装订时对其造成破坏。

在对版面的编排设计中，可以在出血线以外的区域加入其他的视觉信息，从而丰富图片的边缘结构。例如，在出血线外加上黑色的边框，利用该边框元素来加强图片内容的表述能力。与此同时，还使画面四周达到整洁、美观的效果。如图 2.5-7 所示的 Formula E 电动方程式赛事海报，利用边框使图片得到突出和强调的效果。同时，赛车又从图片边框中突出一部分，营造出了速度感。

◎ 图 2.5-7　Formula E 电动方程式赛事海报

处理图片出血时，如果对图片的剪裁不当，并一味地压缩页边距，就会使页面形成不透气的感觉，这样的处理会对版面效果造成负面的影响。因此，设计时应注意不要将页面的四边全部填满，可以在对角

去背图片是指将图片中的某个视觉要素沿着边缘进行剪裁，以此将该要素从图片中“抠”出来，从而形成去背图片的样式。通过对图片进行去背处理，使该图片的视觉形象得到提炼，并使图片要素变得更加鲜明。

线的位置上留有一些空间。如图2.5–8所示，在英文名片的版式设计中，将版面的边角部分进行了大幅留白的处理，形成通透的版面空间感。

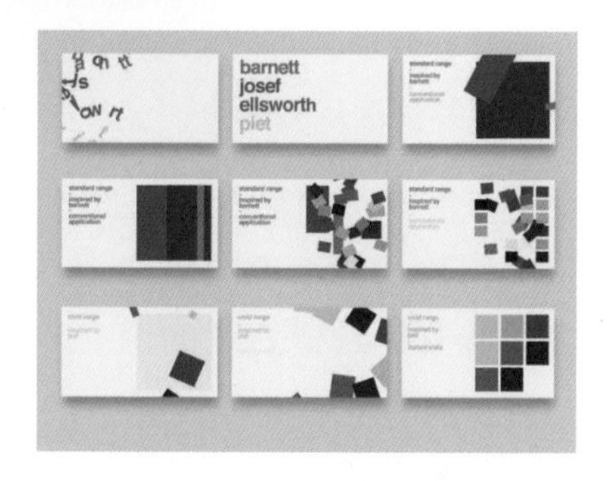

◎ 图2.5–8　英文名片的版式设计

4. 调整位置

通过调整图片的位置关系，可以控制观看者浏览图片的先后顺序。版面的左上角是视线走向的第一个焦点，将重要的图片放在此位置，可以凸显主题，并令这个版面层次清晰，视觉冲击力强。此外，如果将某张图片与其他若干张图片的间隔扩大，那么这张图片也会相对变得显眼，会让观看者将其视为特殊内容来关注。如图2.5–9所示，在对角线上安置图片要素，可以支配整个页面的空间，能起到相互呼应的作用，具有平衡性。

◎ 图2.5–9　网页设计

5. 去背

去背图片（褪底图片）是指将图片中的某个视觉要素沿着边缘进行剪裁，以此将该要素从图片中“抠”出来，从而形成去背图片的样式。

在实际的版式设计中，去背图片能有效地突出其内容，并将观看者的视线集中在该视觉要素上，使主题信息得到完美的展现。

在图片处理中，通过对图片进行去背处理，使该图片的视觉形象得到提炼，并使图片要素变得更加鲜明。

去背图片能使主体物的视觉形象变得更为鲜明，为了进一步增强该类图片在版面中的表现力，将做过去背处理的图片与常规图片组合在一起，利用松散的图片结构关系打造出具有视觉冲击力的版式效果。如图 2.5-10 所示，将去背图片与常规图片编排在一起，使版面具有变化性，增添了趣味。图片与文字以随意的方式编排在版面中，体现出版面结构的特点。

◎ 图 2.5-10　家具宣传册内页版式设计

图片进行去背处理时，务必要做到严谨与细心，以保证主体物彻底地从背景中抽离出来，从而确保去背图片的美观性。在实际的版式设计中，去背图片能有效地突出其内容，并将观看者的视线集中在该视觉要素上，使主题信息得到完美的展现。如图 2.5-11 所示，将完全去除背景的人物头像满版放置，从表现形式和编排上加强了主题图片的表现力。将人物头像图片进行黑白色调处理，形成人物头像叠加的效果，对比十分强烈。

通过对图片的特定区域进行剪裁处理，将有价值的视觉信息保留在版面中，并利用该要素帮助画面完成对主题信息的阐述。

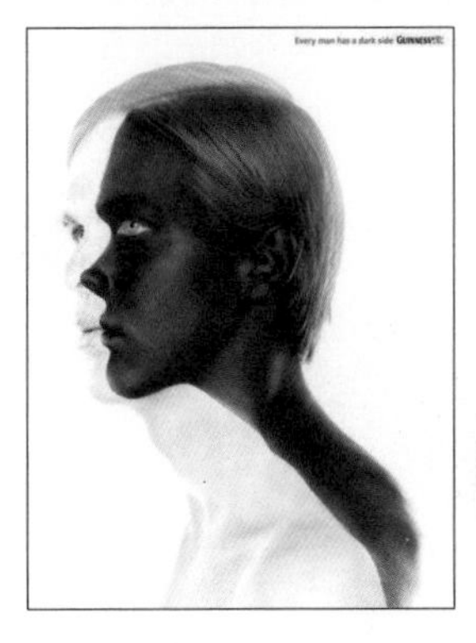
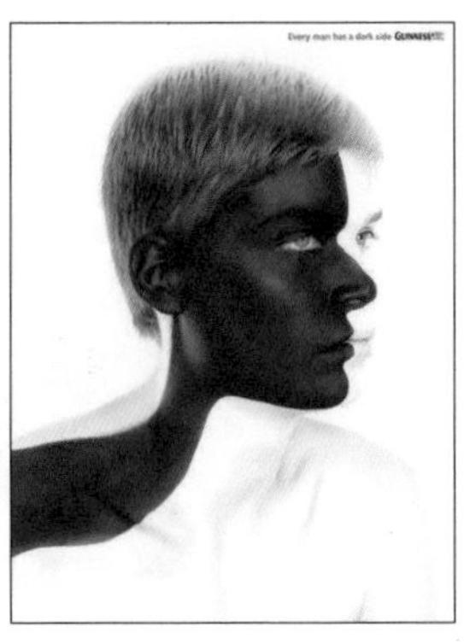

◎ 图 2.5-11　guinness 黑啤广告设计

6. 剪裁

通过对图片的特定区域进行剪裁处理，将有价值的视觉信息保留在版面中，并利用该要素帮助画面完成对主题信息的阐述。在实际的设计过程中，虽然图片的剪裁方式有很多种，但剪裁图片的目的只有一个，就是要突出图片中与主题有直接关系的视觉要素。

◎ 图 2.5-12
《撒旦探戈》的电影海报

首先，利用剪裁图片来完成对视觉要素的缩放，并强调版面中的主体物。如图 2.5-12 所示，画面沿用电影的黑白色调，一丝丝细雨不断地落在小男孩身上，而小男孩的眼神中既没有快乐也没有悲伤，仿佛是看透了什么，正如这部电影给人的感受那般——既沉重又空虚。

在处理版面中的图片时，通过对图片进行剪裁还能控制画面中各视觉要素间的大小比例，并根据物象间的比例关系来区分版面信息的主次关系，从而提高图片表述主题的能力。剪裁图片时一定要时刻保持清晰的思路，以免因失误而将与主题有关的视觉信息删除。如图 2.5-13 所示相机的版式设计，将不同的相机图片进行去背处理，使其形象突出。

◎ 图 2.5-13 相机的版式设计

除此之外，还可以对版面中的主体物进行剪裁，并将该主体物的局部放置在画面中，以构成风格独特的视觉效果。最常见的剪裁对象有人物、动物和建筑等元素，结合特定的剪裁与排列方式，该类图片能在视觉上形成切入式的构图样式。如图 2.5-14 所示，通过剪裁将汽车头部保留在版面中，构成切入式的编排效果。将背景颜色设置为

◎ 图 2.5-14 汽车广告

在版式设计中，可以通过对图片进行位置、所占面积、数量与形式等方面的调控来改变版式的格局与结构，最终使画面呈现出理想的视觉效果。

浅灰色，与人物精致、正式的着装和色彩艳丽的汽车色彩形成呼应，以营造出高级的版面感。

2.5.2　图片编排可营造不同的版式格局

图片是版式设计中最基本的构成要素之一，在视觉表达上具有直观性与针对性，通过图片要素能使观看者更易理解画面中的主题信息。

在版式设计中，可以通过对图片进行位置、所占面积、数量与形式等方面的调控来改变版式的格局，最终使画面呈现出理想的视觉效果，如图 2.5-15 所示。

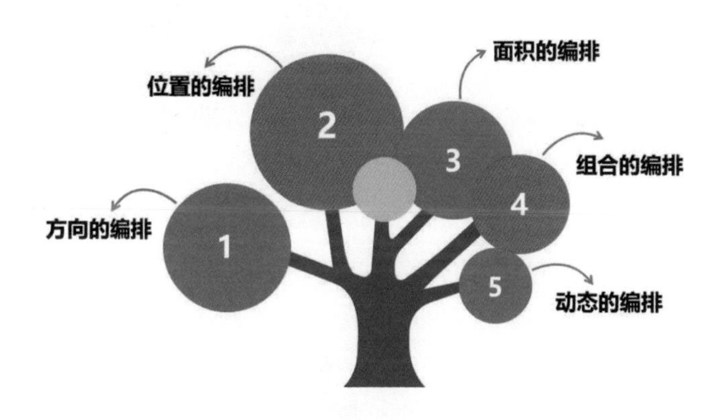

◎ 图 2.5-15　图片编排可营造不同的版式格局

1. 方向的编排

物体的造型、倾斜方向、人物的动作、脸部朝向及视线等，都可以使观看者感受到图片的方向性。通过对这些要素的掌控，可以引导

物体的造型、倾斜方向、人物的动作、脸部朝向及视线等，都可以引导观看者的阅读视线。

观看者的阅读视线。以人物照片为例，人物的眼睛总会特别吸引观看者的目光，观看者的视线会随着图片中人物凝视的方向移动。因此，在这个地方安排重要的文字，是引导观看者目光移动的常用方法。此外，运用多张图片并按照一定的规则排列成一定的走向，也可以形成明确的方向性，以引导观看者阅读。

图片的方向性是由其内容决定的，因为图片本身是不具备任何方向性的。通过利用视觉要素的排列方式或特定动态可以赋予图片以强烈的运动感。图片的方向性还能对观看者的视线起到引导作用，并根据图片内容的运动规律来完成相应的视线走向。如图 2.5–16 所示，将一个人不同阶段的状态进行编排，可形象地传递给观看者“低谷正是充电的时候”的正能量诉求。

◎ 图 2.5–16　雷诺汽车广告

还可以利用物象自身的逻辑关联来诱使图片产生特定的方向感。例如，地球的重力始终是朝下的、单个生物的进化过程等，这些要素不仅能给予图片方向性，同时还能增添版式结构的条理感。如图 2.5-17 所示，利用地球的重力始终是朝下的原理，将主体图片采用上下对齐的方式居中竖向排列，给人以稳重的感觉。

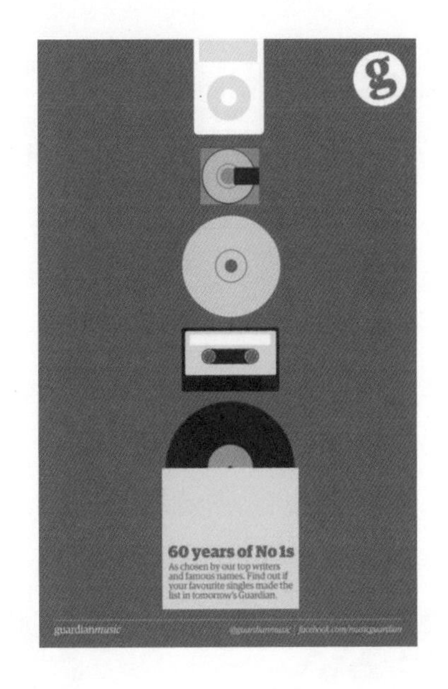

◎ 图 2.5-17　音乐杂志的版式设计

除此之外，还可以运用物象本身的动势来赋予图片以方向感。如高耸的建筑在视觉上的透视效果能赋予图片以延伸感，或者人物的动作朝向、眼神的凝视方向等，这些要素可使观看者能切身体会到图片在特定方向上所产生的动感效果。如图 2.5-18 所示，利用建筑物在空间中的透视效果，使图片具有了向上的动势。版面左半部分为文字，右半部为大幅图片，面积比例基本为 1∶1，使版面显得均衡。

◎ 图 2.5-18　房地产海报设计

将主要图片放置在版面的左部，相对于文字来说，图片更具有视觉吸引力，因此通过该类排列方式，可使画面产生由左向右的阅读顺序。

将版面中的视觉要素按照一定的轨迹或方式进行排列，同样可以赋予图片以方向感。例如，将图片中的视觉要素以统一的朝向进行排列与布局，使版面形成固定的空间流向，并引导观看者完成单向的阅读走向。如图 2.5-19 所示，左右两侧人物相互吸引的眼神，有效引导了观看者的视线，将其集中在版面中央位置的咖啡杯图案上。人物元素有规律地排列在版面两侧，形成版面的韵律感。

◎ 图 2.5-19　巴西的咖啡平面广告

2. 位置的编排

对于主体图片来讲，在版面中摆放位置的不同，对其本身的表现也将造成很大的影响。通常情况下，主体图片会出现在版面中的不同区域，可以根据版面整体的风格倾向与设计对象的需求来考虑图片的具体摆放位置。

1） 左部

将主要图片放置在版面的左部，相对于文字来说，图片更具有视觉吸引力，因此通过该类排列方式，可使画面产生由左向右的阅读顺序。通过主体图片的左置处理使版面展现出统一的方向性，同时还可

图片右置的排列方式能有效打破常规的版式结构，并在感官上给观看者留下深刻的印象。

以增强版式结构的条理性。如图 2.5-20 所示，主角的机长形象放大处理放置在版面左侧，符合观看者的阅读习惯。机长的视线方向以及镜片中反射出来的飞机方向都自然而然地引导着观看者的视线走向右下角的相关信息。

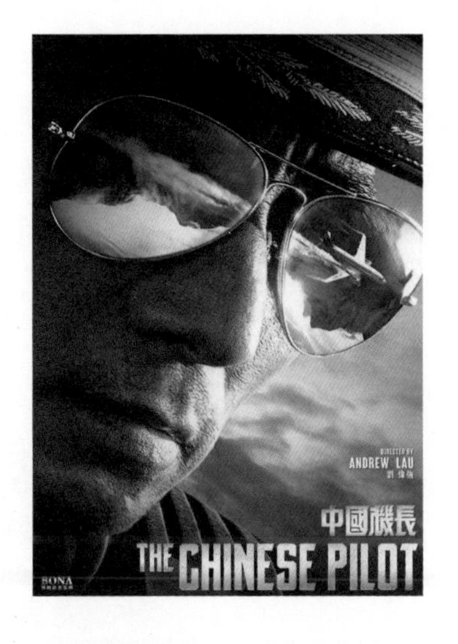

◎ 图 2.5-20 《中国机长》的电影海报

2） 右部

将主体图片放置在版面的右侧，使观看者产生从右到左的颠覆性视线走向。由于与人的阅读习惯恰好相反，因此，该种排列方式能有效打破常规的版式结构，并在感官上给观看者留下深刻的印象。如图 2.5-21 所示，几条鲤鱼首尾相接，形成扭动的姿态呈现出自由灵活的动态感，与字体的穿插叠加，以及版面左侧的大面积留白，形成简洁、通透的空间视觉效果。

◎ 图 2.5-21 海报作品

3） 中央

版面的中心位置是整个画面中最容易聚集视线的地方，因此将图片摆放在版面的中央，并将文字以环绕的形式排列在图片的周围，通过该种编排手法可以赋予画面饱满、迂回的版式特征。

为了使观看者在第一时间了解到版面的主题信息，设计者通常会将图片摆放在画面的下方，以强调文字要素，使整个阅读过程变得清晰、明朗。

设计者常将主体要素放置在该位置，以提升该要素的视觉表现力。将图片摆放在版面的中央，并将文字以环绕的形式排列在图片的周围，通过该种编排手法可以赋予画面饱满、迂回的版式特征。如图 2.5–22 所示，将图片摆放在杂志跨页的中央，并将文本内容置于两侧。不同的内容采用不同的字体和大小，版面的整体效果非常饱满、均衡。

◎ 图 2.5–22　杂志的版式设计

4）下部

在一些文字较少的海报设计中，由于版面中的视觉要素非常有限，一般能起到宣传作用的主要是标题与说明文字。为了使观看者能在第一时间了解到版面的主题信息，设计者通常会将图片摆放在画面的下方，以强调文字要素，使整个阅读过程变得清晰、明朗。如图 2.5–23

将图片摆放在版面的上方，可以构建起自上而下的阅读顺序，使观看者能够直接从图片的内容入手。

所示，计算机及人物图片以一种时空穿越的表达形式放置在版面下部，使版面形成稳重感。大号字体的宣传语放置在版面上方，有力地传达了这个情人节“愿大家早日穿破阴霾，拥抱在春天，共待花开，爱永不下线。”的美好祝愿。

5） 上部

如果版面中的文字与图形有着潜在的逻辑关系，就可以利用图片在视觉上的直观性与可视性阐明文字信息。将图片摆放在版面的上方，可以构建起自上而下的阅读顺序，使观看者能够直接从图片的内容入手。如图 2.5-24 所示，将人物图片放置在版面上方，为其他信息的表达提供了足够的表现空间。人物的眼神引导观看者将注意力放置在人物左手中的化妆品上，自然而然地引出了广告所要宣传的对象。

3. 面积的编排

在版式设计中，可将不同规格的图片要素组合在一起，利用图片间面

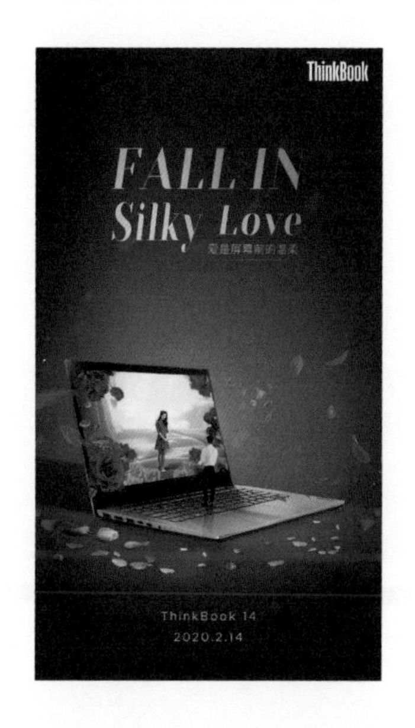

◎ 图 2.5-23　ThinkBook 的抗疫的宣传海报

◎ 图 2.5-24　化妆品的海报设计

运用均等的图片面积来帮助版面营造平衡的视觉氛围，与此同时，凭借这些图片在面积上的微妙变化来打破规整的版式结构，使画面显得更具活力。

积上的对比关系来丰富版式的布局结构，提升或削弱图片要素的表现力，使版面表现出不同的视觉效果。

在版式的编排设计中，缩小图片在面积比例上的差异程度可以打造出充满均衡感的版式空间，营造平衡的视觉氛围。凭借这些图片在面积上的微妙变化来打破规整的版式结构，使画面显得更具活力。如图 2.5-25 所示，运用女性的身躯加上不同的动作和背景设计出来的英文字体，带给人们舞台剧的感受，肢体语言十分丰富。

◎ 图 2.5-25　英文字体设计

将版面中的图片设定为同等大小，可以利用相等的图片面积来提升版式结构的规整感。该类编排手法的主要特征为严谨的排列结构与规整的版面布局，因此通常被用在那些极具正式性的时事报刊中。如图 2.5-26 所示，在版面的左上方放置主题图片，形成版面重心，可有效吸引观看者的视线。将若干相关的系列图片以相同的尺寸、编排形式摆

SPECIAL REPORT

SMALL BUSINESS

International Aid

18 20 21 22 24 25

48

LIST

www.sj33.cn

◎ 图 2.5-26　英文报纸的版式设计

增强版面中图片面积的对比效果，可以帮助图片要素划分出明确的主次关系。

散状排列的手法能带给观看者以轻松、活泼的视觉感受。

放在版面底部，形成严谨与规整的版面布局。

在版式的编排设计中，将具有明显面积差异的图片安排在一起，利用物象在面积上的对比来突出相应的图片要素，从而达到宣传主题信息的目的。增强版面中图片面积的对比效果，可以帮助图片要素划分出明确的主次关系。因此该类编排手法通常被运用到一些以图片为主的刊物中，如时尚杂志、画册等。如图 2.5–27 所示，版面中分别在左下角和右侧放置了两张在面积对比上十分明显的图片，使版面图片划分出明确的主次关系。版面整体为黑白灰色调，中部粉色的圆形起到了活跃版面氛围的作用。

◎ 图 2.5–27　英文书籍的版式设计

4. 组合的编排

在图形编排设计中，图形的组合排列分为两种，即散状排列和块状排列。可针对不同的版式题材和画面中图片要素的数量来选择适宜的排列方式，从而打造出富有表现力的版式空间。

散状排列是指将图片要素以散构的形式排列在版面中，以形成自由的版式结构。该类编排手法没有固定的排列法则，只要求图片的排列位置尽量分散，追求整体的无拘束感。因此，该类排列手法能带给观看者以轻松、活泼的视觉感受。如图 2.5–28 所示，结合塞浦路斯当地的人文特色和地理条件，将人物系列插画与摄影作品相结合，图

块状排列是指将版面中的图片要素以规整的方式进行排列，使画面表现出强烈的秩序性与简洁性。

片以散构的形式排列在版面中，形成轻松、自由、活泼的版式结构。

◎ 图 2.5-28　塞浦路斯航空公司海报

块状排列是指将版面中的图片要素以规整的方式进行排列，使画面表现出强烈的秩序性与简洁性。相比于散状排列来讲，该种排列形式就显得严谨了许多，它不仅使图片组合形成了一个整体，同时还将版面中图片与文字的界限划分得十分清楚，以便于观看者对相关信息进行筛选。如图 2.5-29 所示，版面中的图片以规整的方式进行竖向排列，表现出了块状排列的特点。将图片全部摆放在版面的左侧，使版面产生向左的视觉吸引力。

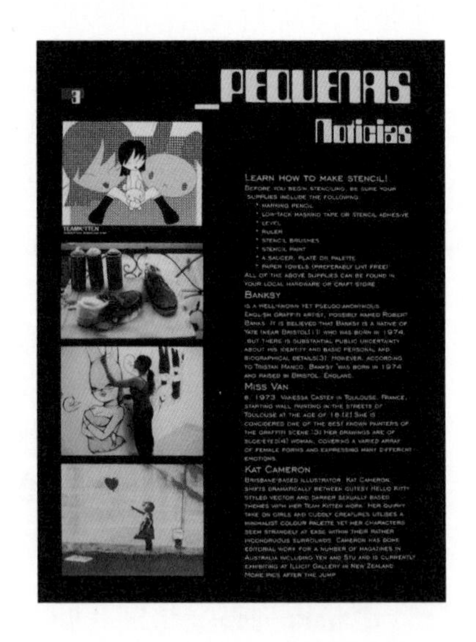

◎ 图 2.5-29　英文网页设计

5. 动态的编排

具有动感的图片可以让人感受到一种跃动的韵律。每张图片都会

通过将图片倾斜放置，或将若干张图片按照一定的路径排列成倾斜的构图等方法，也可以打破平衡以强化图片的动感。

通过网格的分割，能够使版面中的各种构成元素层次分明。

由于拍摄对象动作强弱的不同而产生不同程度的动感效果。根据被拍摄物体动感的强弱，可以控制版面整体的运动感或稳定感。此外，通过将图片倾斜放置，或将若干张图片按照一定的路径排列成倾斜的构图等方法，也可以打破平衡以强化图片的动感。如图 2.5-30 所示，版面上极速坠落的死亡蝴蝶构成视觉的重心，冲击感十足，向观看者形象传达了原子弹爆炸给生态系统带来的毁灭性破坏，呼吁人们牢记历史，珍惜和平。

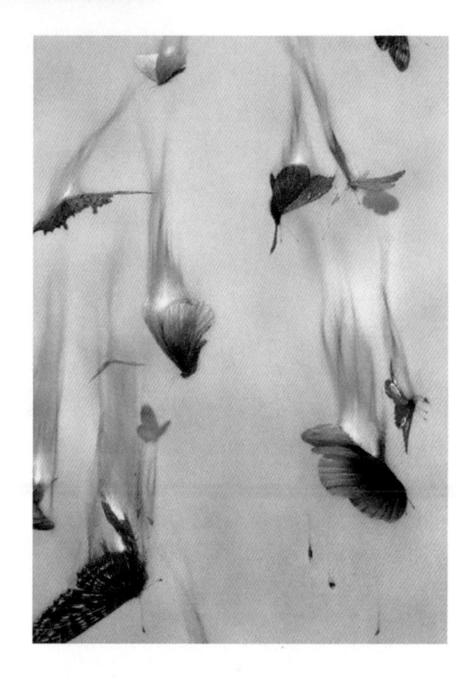

◎ 图 2.5-30　海报设计

2.6　有骨架才“有型”——网格的应用

网格起源于 20 世纪，是一种在现代版式设计中发挥着重要作用的构成要素。通过网格的分割方式能够使版面中的各种构成要素层次分明，排列井然有序，作为平面构成的一种基本的版面框架，网格在版式设计中的重要作用已越趋明显，它能使所有的版面构成要素之间形成协调、平衡的关系，并让整个版面更具规划性。

2.6.1 网格对版面的灵活控制

网格在版式设计中的应用更有利于设计者对版面内容的编排，能有条不紊地组织各种信息要素，充分提升版面的可读性。网格包含一系列等值空间或对称尺度的空间体系，为版式设计的编排形式和空间布局建立起了一种结构及视觉上的紧密联系。

1. 网格的建立结构

合理的网格结构可以避免设计过程中随意编排的可能性，有利于统一版面。网格作为版式设计中的关键工具，可以运用分栏与单元格混排的形式来编排版面，使版式设计具有较强的灵活性。

1）三栏对称式网格

三栏对称式网格的左右两页共分为 6 栏，图片和文字可以放置在图中的灰色区域中，如图 2.6-1 所示。

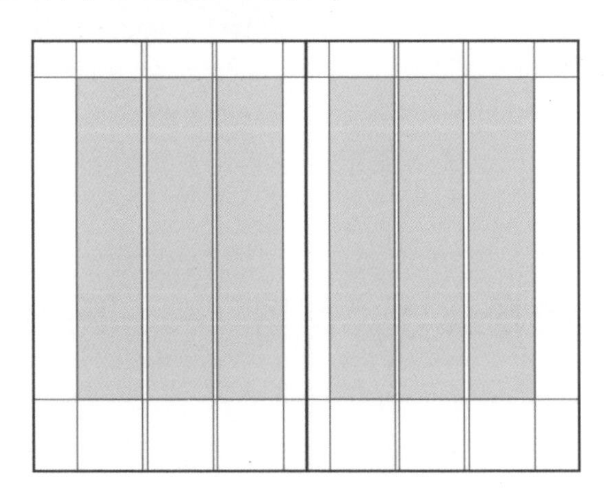

◎ 图 2.6-1　三栏对称式网格

2）非对称式网格

非对称式网格的左右两页共分为 5 栏，栏数不同，页边距也不一样，如图 2.6-2 所示。

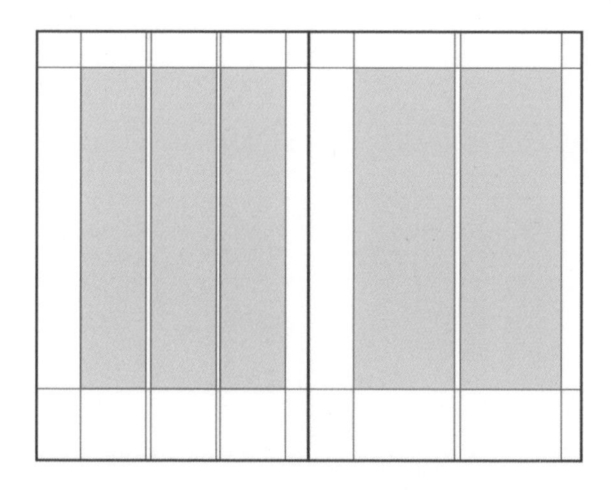

◎ 图 2.6-2　非对称式网格

3） 栏状网格与单元格网格

栏状网格与单元格网格的混排，其中蓝色线条既是每栏的分割线也是每个单元格的分割线，为图片和文字的编排提供了确切的版面结构，如图 2.6-3 所示。

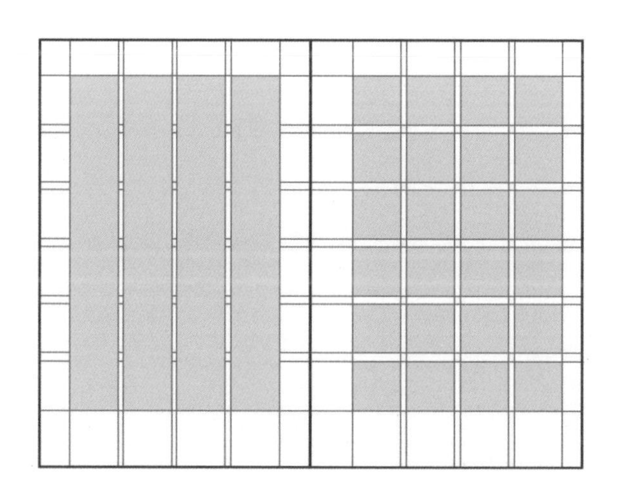

◎ 图 2.6-3　栏状网格与单元格网格

4） 网格与参考线网格

网格与参考线网格的混排，使用竖四横六的单元格形式建立。每个蓝色单元格再细分为 16 个黄色小单元格，蓝色线是单元格的分割线，也是每栏的分割线，如图 2.6–4 所示。

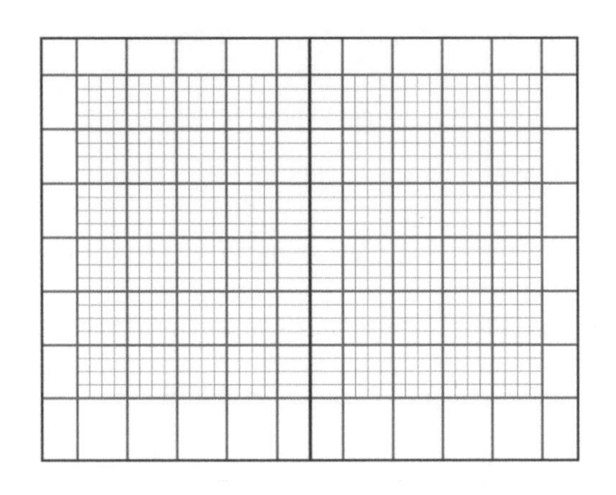

◎ 图 2.6–4 网格与参考线网格

2. 网格的建立方法

1） 按比例关系建立网格

德国字体设计师扬·奇希霍尔德（Jan Tschichold）设计的经典版面，建立在长宽比为 2∶3 的纸张尺寸上。图中的高度 a 与单页页面的宽度 b 相等，装订线与顶部边缘的留白占整个版面的 1/9，内缘留白是外缘留白的 1/2，使跨页的两条对角线与单页的对角线相交，两个焦点分别为 c 和 d，再由 d 出发，向顶部页边做垂直线，其焦点 e 和 c 相连，这条线又与单页的对角线相交，形成焦点 f，它就是整个正文版面的一个定位点，如图 2.6–5 所示。

2） 按单元格建立网格

在进行页面分割时，可以采用斐波那契数列关系，即 8∶13。在斐波那契数列关系中，每一个数字都是前两个数字之总和。如图 2.6-6 所示，版面有 34×55 个单元格，内边缘留白为 5 个单元格，外边缘留白为 8 个单元格。在斐波那契数列中，5 的后一位数字是 8，是外边缘的留白单元格数。8 后面的数字是 13，是底部留白的单元格数。以这种方式来确定正文区域的大小，可使版面在宽度与高度的比例上获得和谐连贯的视觉效果。

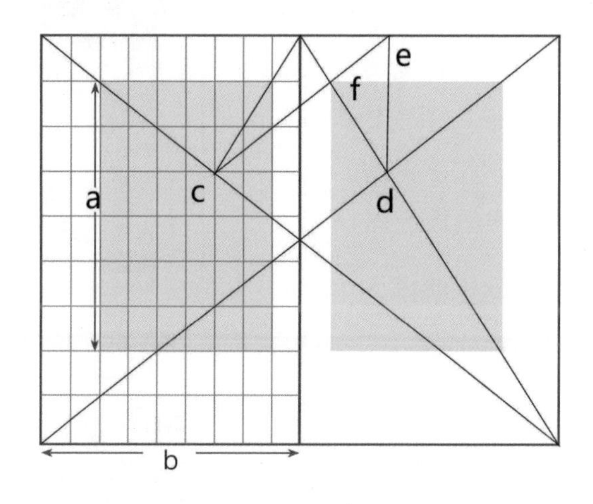

◎ 图 2.6-5　按比例关系建立网格

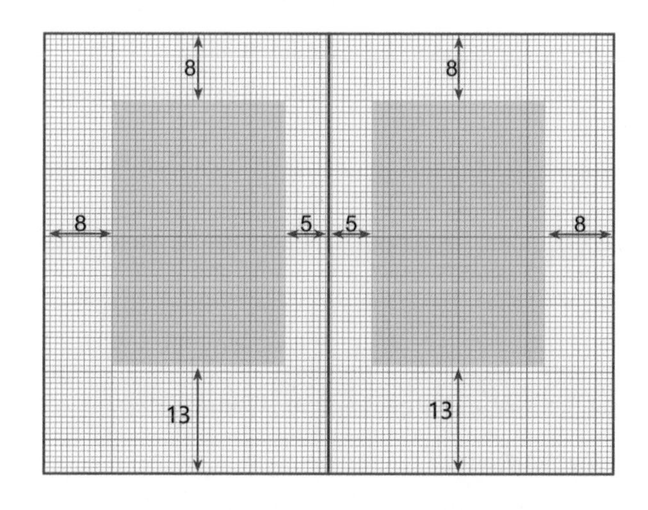

◎ 图 2.6-6　利用斐波那契数列关系建立单元格

3. 网格的编排形式

文字和图片都是版面的构成要素，运用网格对文字与图片进行不同形式的组合，并充分利用网格的特性，设计出和谐、流畅并令人印象深刻的版面，能够形成不同的视觉效果，给人以不同的心理感受。网格是保持版面均衡的重要方法，网格的建构形式由版面主题的需要来决定，有的版面以文字为主，图片较少；有的版面以图片为主，文字较少。这些区别造成了版面效果的极大差异。

1） 多语言式网格编排

有些版面会出现多种语言文字同时编排的情况。网格可以适应不同语言文字的编排，容纳多种语言，灵活性极强。如图 2.6-7 所示的版面采用多字体形态与方向的文字编排的方式，构造丰富以及具有魔幻空间感的版面内容。

◎ 图 2.6-7 “九层塔：空间与视觉的魔术个展”海报

2） 说明式网格编排

运用网格可以对版面信息进行调整，营造出稳定、清晰的版面结构。如图 2.6-8 所示，将左右两页整体规划，人物图片的面积相等，并且间隔较大，图片在上，图下为说明性文字。版面整体风格简洁明了，图片右下角绿色小色块的搭配使版面更具秩序性。

3） 数据式网格编排

在表现数据较多的表格中，网格的重要性非常明显。

4） 打破式网格编排

打破网格的处理方式使版面具有灵活性，且有效地表现创意。如图 2.6-9 所示，版面使用了网格与无网格的混排方式，右侧虽然没有网格，但整齐而工整，并达到了视觉传达的目的，使整体呈现出对比状态，画面效果变化丰富。

◎ 图 2.6-8　说明式网格编排

◎ 图 2.6-9　打破式网格编排

2.6.2　网格在版式设计中的作用

网格作为版式设计中的重要构成要素，能够有效地强调出版面的比例感和秩序感，使作品页面呈现出更为规整、清晰的效果，使版面信息的可读性得以明显提升。在版式设计中，运用网格结构是为了赋予版面明确的结构，达到稳定页面的目的，从而体现出理性的视觉效果，给人以更为信赖的感觉，如图 2.6-10 所示。

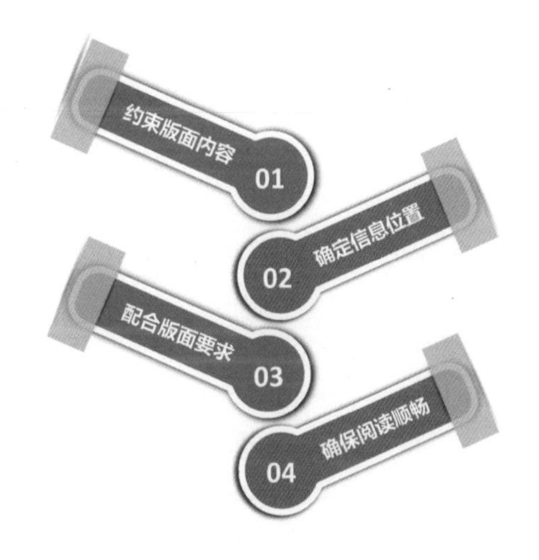

◎ 图 2.6-10　网格在版式设计中的作用

1. 约束版面内容

网格最重要的作用就是约束版面，使版面具有秩序感和整体感，合理的网格结构能够帮助人们在设计时掌握明确的版面结构，这点在文字编排中尤为重要。

由于网格起着约束版面的作用，因而它既能使各种不同页面呈现出各自的特色，同时又能使其表现出简洁、美观的艺术风格，让人们对版面的内容能够一目了然，有效提升信息的可读性。在确定的网格框架内，将一些细微的要素进行调整，可以使不同形式的版面具有整体的平衡性，并且能丰富版面的布局设计。如图 2.6-11 所示，通过网格约束文字和图片的位置与面积，使整体版面整洁清新，给人以良好的阅读体验。

◎ 图 2.6-11　用网格约束文字和图片的位置与面积

2. 确定信息位置

在版式设计中网格的运用对于版面要素的呈现有着更为完善的整体作用，有助于设计者合理安排各项版面信息，从而有效地提升工作效率，减少在图文编排上耗费的时间与精力。网格的实际应用不仅能够使版面具有科学与理性的依据，同时还可以让设计构思的呈现变得简单而又方便。如图 2.6-12 所示，版面采用两栏式网格对称编排，版面均衡平稳。每栏的上半部为夸张放大的艺术化数字，秩序感一目了然。正文文字在字体、大小、段间距、粗细方面都给予了精心设计，从而增强了版面的层次感和精致感。

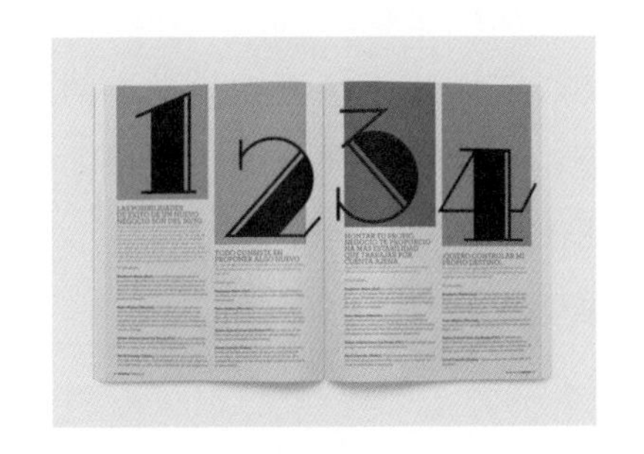

◎ 图 2.6-12　两栏式网格对称编排

网格对于确定版面信息的作用是显而易见的，设置不一样的网格效果可以体现出不同的版面风格与性质。通过各种形式网格的运用，使设计者在编排信息时可以有一个理性的依据，让不同页面的内容变得井然有序，呈现出清晰易读的版面效果。总之，通过网格的组织作用，可以使编排过程变得轻松，同时让版面中各项图片及文字信息的编排变得更加精确且条理分明。如图 2.6-13 所示，无格的网格运用使段与段之间的间隔较大，加上每段文字颜色的不同处理，版面效果显得条理清晰且结构分明。

◎ 图 2.6-13　无格的网格编排

3. 配合版面要求

网格具有多种不同的编排形式，在进行版式设计的过程中，网格的运用能够有效地提高版面编排的灵活性。设计者可根据具体情况的需求选择合适的网格形式，然后将各项信息安置在基本的网格框架中，有利于呈现出符合需要的版面氛围。

网格是用来设计版面要素的关键，能够有效地保障内容间的联系。无论是哪种形式的网格，都能让版面具有明确的框架结构，使编排流程变得清晰、简洁。将版面中的各项要素进行有组织的安排，可加强其内容间的关联性。

在现代版式设计中，网格的运用为版面提供了一个基本的框架，使版式设计变得更加科学和精准，为图片与文字的混合编排提供了快捷、直观的方式，从而使版面信息的编排变得更具规律性与时代感，可满足不同领域的版面需求。如图 2.6–14 所示，使用网格系统作为平衡其内容的框架。

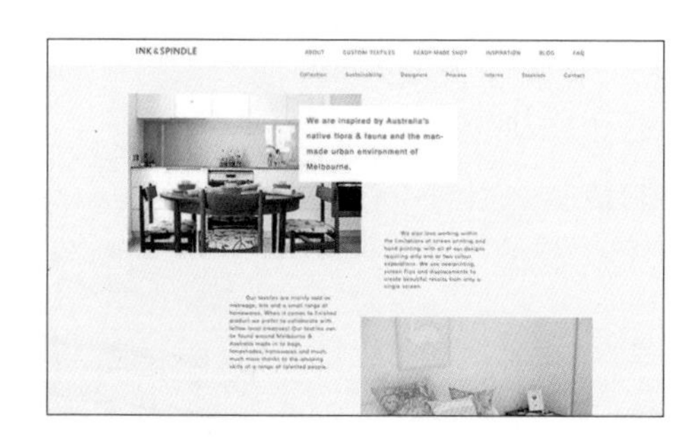

◎ 图 2.6–14　网站设计

运用网格可以使整个版面具有规整的条理性，增加版面的韵律感，有利于不同类型的作品具有各自的特色氛围。网格的多种结构形式能够有效地满足不同页面的需求，使作品版面达到理想的效果。当人们在进行阅读时，能从不同的版面形式中感受到设计者想要表现的风格特点。

4．确保阅读顺畅

网格是用来设计版面要素的关键，能够有效地保障内容间的联系。无论是哪种形式的网格，都能让版面具有明确的框架结构，使编排流程变得清晰、简洁。将版面中的各项要素进行有组织的安排，可加强其内容间的关联性。

对于版式设计而言，网格是所有编排的依据。无论是对称网格编排，还是非对称网格编排形式，都能让版面有一个科学、理性的基本结构，使各内容的编排组合变得有条不紊，并产生必要的关联性，从而让人们在阅读时能够根据页面所具有的流动感来移动视线。

掌握网格在版式设计中的编排作用，其目的是让版面具有清晰、规整的视觉效果，提升内容的可读性。因此，根据网格的既定结构进行版面要素的编排非常有必要，除了能够使各种内容合理地呈现于页面之上，还能够有效加强版面内容间的关联性，便于人们对内容进行阅读。如图 2.6-15 所示，版面对文字和图片采用严格的对称式编排，具有清晰、规整的视觉效果。将正文中重要的语句采用引注的方式在版面边缘给予详细阐述，提升了内容的可读性。

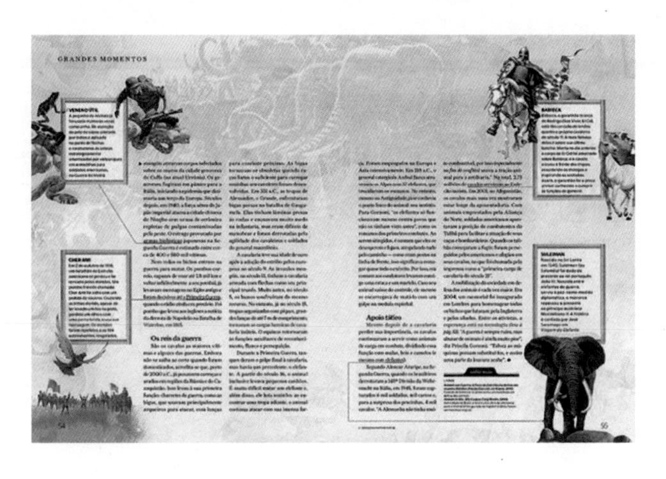
GRANDES MOMENTOS

Os reis da guerra

Apoio tático

◎ 图 2.6-15　英文书籍的版式设计

第 3 章

“一言不合”给你点色彩看看

色彩是人们对客观世界的一种感知。无论是在大自然中还是在生活环境中，随处都有千变万化的色彩，人们的实际生活与色彩紧密相连，如图 3.0-1 所示。

◎ 图 3.0-1　色彩斑斓的世界

色彩是版式设计的一个重要表现要素。色彩从视觉上对观看者的生理及心理产生影响，使其产生各种情绪的变化。版面色彩的应用，要以观看者的心理感受为前提，使其理解并接受画面的色彩搭配。设计者还必须注意生活中的色彩语言，避免某些色彩的表达与所表现的主题产生词不达意的情况。

3.1 揭开色彩的面纱

世界万物都与色彩有着紧密的联系，而色彩有着千变万化的表现形式。色彩在版式设计中的运用极大地影响着版式设计的视觉传达效果。

色彩为构图增添了许多魅力，它既能美化版面、进行随意的变化，又具有实用的功能。而且，有色彩的文字比无色彩的文字更能让人印象深刻且易于记忆。

3.1.1 色彩的概念

色彩是版式设计的一个重要表现要素。色彩从视觉上对观看者的生理及心理产生影响，使其产生各种情绪的变化。版面色彩的应用，要以观看者的心理感受为前提，使其理解并接受画面的色彩搭配。设计者还必须注意生活中的色彩语言，避免某些色彩的表达与所表现的主题产生词不达意的情况。

3.1.2 色彩的形成

色彩信息传输的途径是光源、物体、眼睛和大脑，是人们形成色彩感觉的 4 个要素。这 4 个要素不仅使人产生色彩感觉，也是人能正确判断色彩的条件。在这 4 个要素中，如果有一个不确定或在观察中有变化，就不能正确地判断颜色。因此，人们认识色彩就是对物体反射的光以色彩的形式进行感知，如图 3.1-1 所示。

色彩可分为无彩色和有彩色两大类。对消色物体来说，由于对入射光线进行等比例的无选择吸收和反（透）射，因此，消色物体无色相之分，只有反（透）射率的大小，即明度的区别。明度最高的是白色，最低的是黑色，黑色和白色属于无彩色。在有彩色中，对红色、橙色、黄色、绿色、蓝色、紫色 6 种标准色进行比较，其明度是有差异的。其中黄色明度最高，仅次于白色，紫色的明度最低，和黑色相近。如图 3.1-2 所示为可见光光谱。

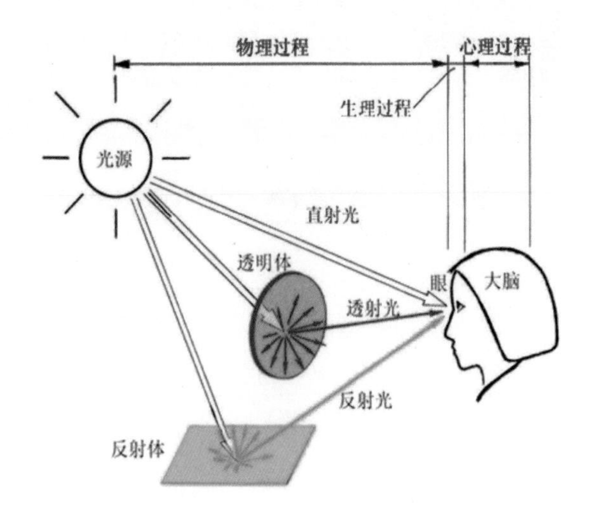

◎ 图 3.1-1　人的色彩感知过程

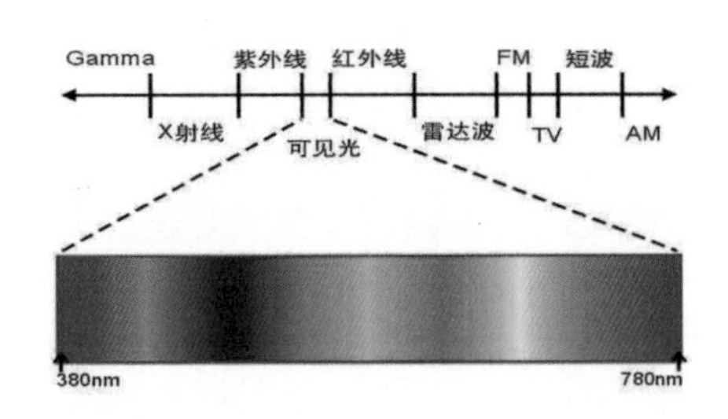

◎ 图 3.1-2　可见光光谱

3.2　色彩的三要素

有彩色表现很复杂，色彩学家用“明度”“色相”和“纯度”这 3 个属性来描述色彩，可更准确地概括色彩。在进行色彩搭配时，参照这 3 个属性值来对色彩的属性进行调整是一种稳妥和准确的方式。

明度是指色彩的明暗程度，即色彩的亮度、深浅程度。

明度在三要素中具有较强的独立性，它可以不带任何色相的特征而通过黑、白、灰的关系单独呈现出来。色相与纯度则必须依赖一定的明暗程度才能显现，色彩一旦发生，明暗关系就会同时出现。

3.2.1 明度

明度是指色彩的明暗程度，即色彩的亮度、深浅程度。谈到明度，宜从无彩色入手，因为无彩色只有一维，辨识度高。最亮是白色，最暗是黑色，以及黑白之间不同程度的灰色，都具有不同的明暗程度。若按一定的间隔划分就可构成明暗尺度。而有彩色既靠自身所具有的明度值，也靠加减灰调、白调来调节其明暗程度，如图 3.2-1 所示。例如，白色属于反射率相当高的物体，在其他颜料中混入白色，可以提高混合色的反射率，也就是提高了混合色的明度。混入白色越多，其明度提高得越多。相反，黑色属于反射率极低的物体，在其他颜料中混入的黑色越多，其明度就越低。

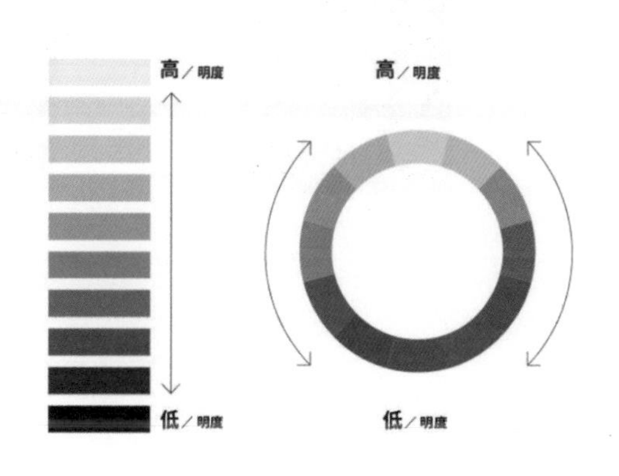

◎ 图 3.2-1　色彩的明度

明度在三要素中具有较强的独立性，它可以不带任何色相的特征而仅通过黑、白、灰的关系单独呈现出来。色相与纯度则必须依赖一定的明暗程度才能显现，色彩一旦发生，明暗关系就会同时出现，如图 3.2-2 所示。在素描创作的过程中，需要把对象的有彩色关系转换为明暗色调，这就需要对明暗关系具有敏锐的判断力。

色相是指色彩的相貌，即各种颜色，如红色、橙色、黄色、绿色、青色、蓝色、紫色等。色相是区别各种不同色彩的标准，它和色彩的强弱及明暗没有关系，只是纯粹表示色彩相貌的差异。

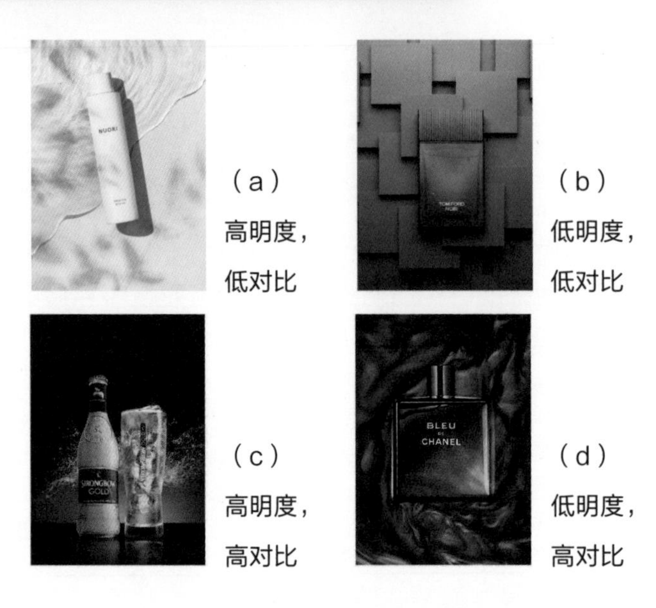

◎ 图 3.2-2　色彩明暗关系的表现

3.2.2　色相

色相是指色彩的相貌，即各种颜色，如红色、橙色、黄色、绿色、青色、蓝色、紫色等。色相是区别各种不同色彩的标准，它和色彩的强弱及明暗没有关系，只是纯粹表示色彩相貌的差异。色相是色彩的首要特征，人眼区分色彩的最佳方式就是通过色相实现的。在最好的光照条件下，人们的眼睛大约能分辨出 180 万种色彩的色相。在拍摄中，若能充分、有效地运用这一能力，将有助于构建理想的色彩画面。

色彩像音乐一样，是一种感觉。音乐需要依赖音阶来保持秩序，从而形成一个体系。同样的，色彩的三属性就如同音乐中的音阶一般，可以利用它们来维持众多色彩之间的秩序，形成一个容易理解又方便使用的色彩体系。所有的色彩可排成一个环形。这种色相的环状排列，叫做色相环，在进行配色时可以了解两色彩间的间隔。

色相环是怎么形成的呢？以 12 色相环为例，色相环由 12 种基本的颜色组成，如图 3.2-3 所示。首先包含的是色彩三原色（Primary colors），即红色、黄色、蓝色。原色是色相环中所有颜色的“父母”，间色是由两组原色等量混合得到，三级色是由间色和原色混合得到。

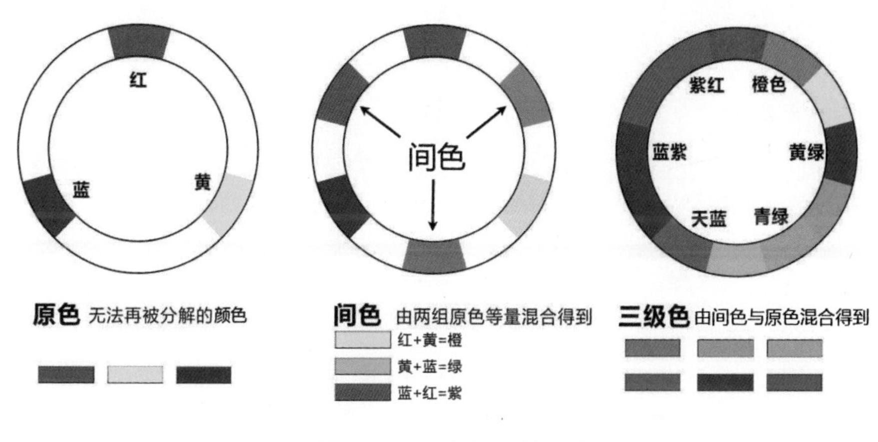

◎ 图 3.2-3　色相环的形成

按照角度的划分，色相可以分为间色、补色、对比色、同类色，如图 3.2-4 所示。

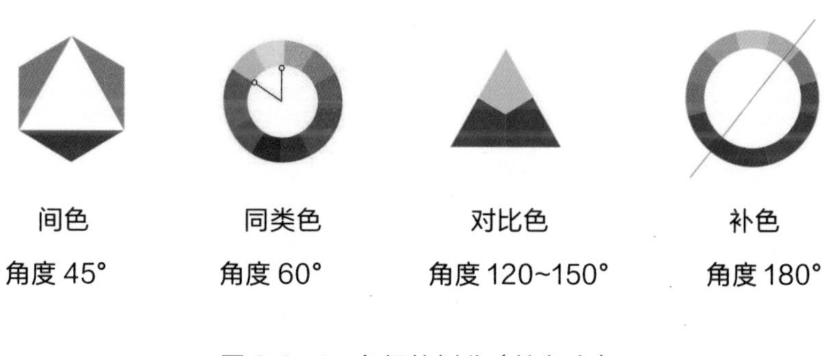

◎ 图 3.2-4　色相的划分（按角度）

色彩的纯度是指色彩的鲜艳程度，人们的视觉能辨认出的有色相感的色，都具有一定程度的鲜艳度。

3.2.3 纯度

色彩的纯度是指色彩的鲜艳程度，人们的视觉能辨认出的有色相感的色，都具有一定程度的鲜艳度。所有色彩都是由红（玫瑰红色）色、黄色、蓝（青色）色三原色组成的，原色的纯度最高。当某种色彩中所含的色彩成分多时，其色彩就呈现饱和(色觉强)、鲜明的效果，给人的视觉印象会更强烈；反之，当某种色彩中所含的消色成分多时，色彩便呈现不饱和(色彩中灰度大)状态，色彩会显得暗淡，视觉效果也随之减弱，如图 3.2-5 所示。

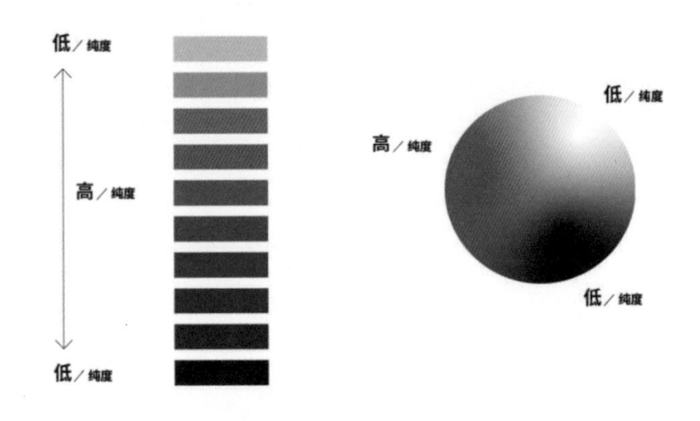

◎ 图 3.2-5　色彩的纯度

色彩可以采用 4 种方法降低其纯度。

（1）加白色。在纯色中混合白色，可以减低纯度，提高明度，同时颜色混合白色以后会产生色相偏差。

（2）加黑色。在纯色中混合黑色，既能降低纯度，又能降低明度，颜色加入黑色后，会失去原有的光亮感而变得沉着、幽暗。

（3）加灰色。纯色混入灰色，会使颜色变得浑厚、含蓄。而相同明度的灰色与纯色混合后，可得到相同明度不同纯度的含灰颜色，具有柔和、软弱的特点。

（4）加互补色。纯度可以用相应的补色减淡。纯色混合补色，相当于混合无色系的灰色，因为一定比例的互补色可以混合产生灰色，如黄色加紫色可以得到不同的灰黄色。如果互补色相混合再用白色淡化，可以得到各种微妙的灰色。

在对设计风格的把控中，色彩纯度的变化是其重要影响因素，这种变化会涉及不同文化、主题等，如图 3.2-6 所示。

高纯度，低对比

高纯度，高对比

低纯度，高对比

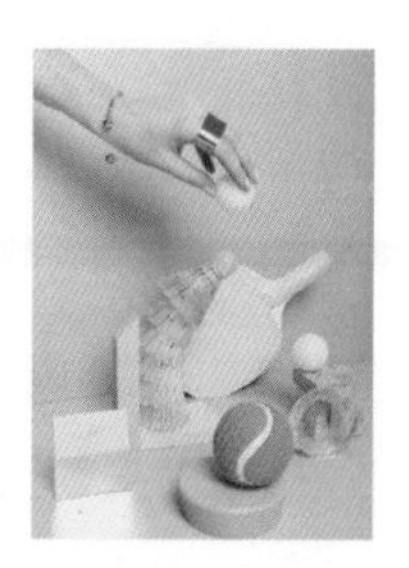

低纯度，低对比

◎ 图 3.2-6　色彩的纯度对设计风格的影响

3.3　色彩的视感

心理学家认为，人的第一感觉就是视觉，而对视觉影响最大的则是色彩。人的行为之所以受到色彩的影响，是因为人的行为很容易受情绪的支配。颜色之所以能影响人的精神状态，就在于颜色源于大自然的色彩，蓝色的天空、鲜红色的血液、金色的太阳……看到这些与大自然色彩一样的颜色，人们自然就会联想到与这些自然物相关的感觉体验。这是最原始的影响，使不同地域、不同国度、民族和不同性格的人对一些颜色也具有共同的感觉体验。如图 3.3-1 所示为色彩的视感。

◎ 图 3.3-1　色彩的视感

3.3.1　冷暖感

冷色与暖色是依据心理错觉对色彩的物理性进行分类的，颜色的物理性印象，大致由冷和暖两个色系产生。波长长的红色光和橙色光、黄色光，本身有温暖感，以此光照射到任何颜色都会有温暖感。相反，波长短的紫色光、蓝色光、绿色光，有寒冷的感觉。例如，在夏天，如果关掉室内的白炽灯光而打开日光灯时就会有一种变凉爽的感觉。

冷色与暖色除了给人们以温度上的不同感觉外，还会带来一些其他感受。例如，重量感、湿度感等。比方说，暖色偏重，冷色偏轻；暖色有紧密的感觉，冷色有稀薄的感觉；两者相比较，冷色的透明感更强，暖色则透明感较弱；冷色显得湿润，暖色显得干燥；冷色有向后退远的感觉，暖色则有迫近感。这些感觉都是偏向于物理方面的印象，但却不是物理的真实，而是受到人们的心理作用而产生的主观印象，它属于一种心理错觉。

红色、橙色、黄色常常使人联想到旭日东升和燃烧的火焰，因此有温暖的感觉；蓝青色常常使人联想到大海、晴空、阴影，因此有寒

色彩的轻重感一般由明度决定。高明度具有轻感，低明度具有重感；白色最轻，黑色最重；低明度基调的配色具有重感，高明度基调的配色具有轻感。

冷的感觉。凡是带红色、橙色、黄色的色调都带有暖感；凡是带蓝色、青色的色调都带有冷感，如图 3.3-2 所示。色彩的冷暖与明度、纯度也有关。高明度的颜色一般有冷感，低明度的颜色一般有暖感。高纯度的颜色具有暖感，低纯度的颜色具有冷感。无彩色系中白色有冷感，黑色有暖感，灰色属于中性色。

（a）暖感

（b）冷感

◎ 图 3.3-2　色彩的冷暖感

3.3.2　轻重感

物体表面的色彩不同，看上去也有轻重不同的感觉，这种与实际重量不相符的视觉效果，称为色彩的轻重感。感觉轻的色彩称为轻感色，如白色、浅绿色、浅蓝色、浅黄色等；感觉重的色彩称为重感色，如藏蓝色、黑色、棕黑色、深红色、土黄色等。

色彩的轻重感一般由明度决定。高明度具有轻感，低明度具有重感；白色最轻，黑色最重，如图 3.3-3 所示；低明度基调的配色具有重感，高明度基调的配色具有轻感。

◎ 图 3.3-3 日本发泡酒的包装（黑色重、白色轻）

明度高的色彩使人联想到蓝天、白云等，可让人产生轻柔、飘浮、上升、敏捷、灵活等感觉。

明度低的色彩使人联想到钢铁，石头等物品，可使人产生沉重、沉闷、稳定、安定、神秘等感觉。

色彩给人的轻重感觉在不同行业的网页设计中有着不同的表现。例如，工业、钢铁等重工业领域可以用重一点的色彩；纺织、文化等科学教育领域可以用轻一点的色彩。 色彩的轻重感主要取决于明度上的对比，明度高的亮色感觉轻，明度低的暗色感觉重。另外，物体表面的质感效果对轻重感也有较大影响。

在网站设计中，还应注意色彩轻重感的心理效应，并且遵循这种感觉很重要。例如网页设计为上灰下艳、上白下黑、上素下艳，就有一种稳重沉静之感，如图 3.3-4 所示；相反上黑下白、上艳下素，则会给人轻浮、失重、不安的感觉，如图 3.3-5 所示。

偏暖的色系容易使人兴奋，即所谓“热闹”；偏冷的色系容易使人沉静，即所谓“冷静”。

◎ 图 3.3-4 网站的页面设计 1

◎ 图 3.3-5 网站的页面设计 2

3.3.3 兴奋感与沉静感

色彩的兴奋感与沉静感取决于对视觉刺激的强弱。在色相方面，红色、橙色、黄色具有兴奋感，如图 3.3-6 所示，青色、蓝色、蓝紫色具有沉静感，如图 3.3-7 所示，绿色与紫色为中性色。偏暖的色系容易使人兴奋，即所谓“热闹”；偏冷的色系容易使人沉静，即所谓“冷静”。在明度方面，高明度的颜色具有兴奋感，低明度的颜色具有沉静感。在纯度方面，高纯度的颜色具有兴

◎ 图 3.3-6 色彩的兴奋感

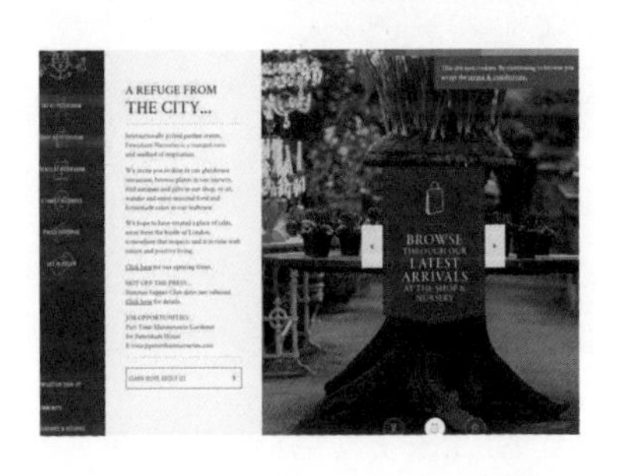

◎ 图 3.3-7 色彩的沉静感

明度较高的鲜艳颜色具有明快感，灰暗浑浊颜色具有忧郁感。

奋感，低纯度的颜色具有沉静感。色彩组合的对比强弱的程度直接影响兴奋感与沉静感，对比程度强的色调容易使人兴奋，对比程度弱的色调容易使人沉静。

3.3.4 明快感与忧郁感

色彩的明快感与忧郁感主要和明度与纯度有关，明度较高的鲜艳颜色具有明快感，如图 3.3-8 所示；灰暗浑浊的颜色具有忧郁感，如图 3.3-9 所示。高明度基调的配色容易取得明快感，低明度基调的配色容易产生忧郁感。对比强的色调趋向明快，对比弱的色调趋向忧郁。纯色与白色组合容易获得明快感，浊色与黑色组合容易出现忧郁感。

◎ 图 3.3-8　色彩的明快感

◎ 图 3.3-9　色彩的忧郁感

凡感觉轻的色彩均给人软而有膨胀的感觉，凡是感觉重的色彩均给人硬而有收缩的感觉。

3.3.5 软感与硬感

与色彩的轻重感类似，软感与硬感间明度也有着密切的关系。通常来说，明度高的色彩给人以软感，明度低的色彩给人以硬感。此外，色彩的软 / 硬也与纯度有关，中纯度的颜色呈软感，如图 3.3-10 所示。高纯度色和低纯度色呈硬感，如图 3.3-11 所示。对比强的色调具有硬感，对比弱的色调具有软感。从色相方面色彩给人的轻重感觉则是暖色（黄色、橙色、红色）给人的感觉轻，冷色（蓝色、蓝绿色、蓝紫色）给人的感觉重。

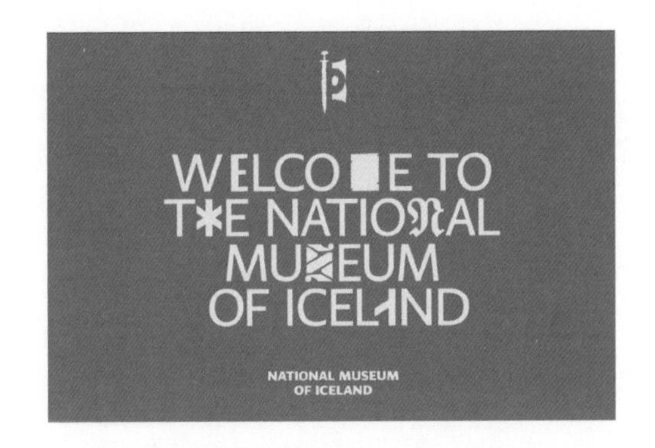

◎ 图 3.3-10　色彩的软感

◎ 图 3.3-11　色彩的硬感

色彩的软感与硬感是凡感觉轻的色彩均给人软而有膨胀的感觉，凡是感觉重的色彩均给人硬而有收缩的感觉。

在设计中，可利用此特征来准确把握服装的色调。在女性服装设计中为体现女性的温柔、优雅、亲切宜采用软感色，但一般的职业装或特殊功能服装宜采用硬感色。

人们看到明度低的颜色感觉远，看到明度高的颜色感觉近，看到纯度低的颜色感觉远，看到纯度高的颜色感觉近。

3.3.6 距离感

色彩的距离与色彩的色相、明度和纯度都有关。人们看到明度低的颜色感觉远，看到明度高的颜色感觉近，看到纯度低的颜色感觉远，看到纯度高的颜色感觉近。环境和背景对色彩的距离感影响很大。在深底色上，明度高的色彩或暖色系色彩让人感觉近；在浅底色上，明度低的色彩让人感觉近；在灰底色上，纯度高的色彩让人感觉近；在其他底色上，使用色相环上与底色差 120° ~ 180° 的对比色或互补色也会让人感觉近。色彩给人的距离感可归纳为：暖的近，冷的远；明的近，暗的远；纯的近，灰的远；鲜明的近，模糊的远；对比强烈的近，对比微弱的远。如同等面积大小的红色与绿色，红色给人以前进的感觉，如图 3.3-12 所示，而绿色则给人以后退的感觉，如图 3.3-13 所示。

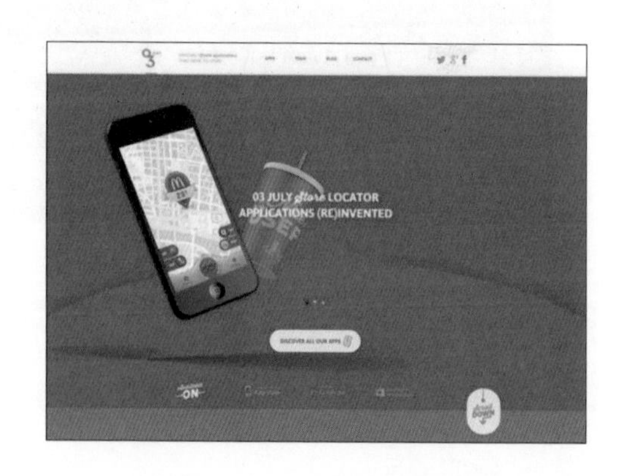

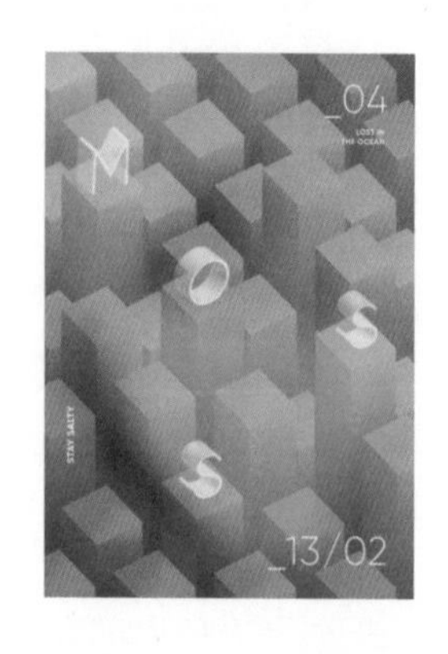

◎ 图 3.3-12 色彩的前进感　　◎ 图 3.3-13 色彩的后退感

如果改变色彩的搭配，在绿底色上放置一小块红色，这时就会看到截然不同的效果。红色出现后退，绿色则变为前进，而这就是暖色、

知觉度高的明亮鲜艳的色彩具有强感，知觉度低的灰暗的色彩具有弱感。

中性色及冷色给人在视觉上的差别，如图 3.3-14 所示。

◎ 图 3.3-14　色彩搭配的距离感

3.3.7　强弱感

色彩的强弱决定其知觉度，凡是知觉度高的明亮鲜艳的色彩具有强感，知觉度低的灰暗的色彩具有弱感。色彩的纯度提高时则强，反之则弱，如图 3.3-15 所示。色彩的强弱与色彩的对比有关，对比鲜明则强，对比微弱则弱。在有彩色系中，以波长最长的红色为最强，波长最短的紫色为最弱。有彩色与无彩色相比，前者强，后者弱。

◎ 图 3.3-15　色彩的强弱感

绿色是视觉中最为舒适的颜色，因为它能吸收对眼睛有很强刺激性的紫外线。当人们因用眼过度而产生疲劳感时，多看看绿色植物或到室外树林、草地中散散步，有助于消除视疲劳。

3.3.8 舒适感与疲劳感

色彩的舒适感与疲劳感实际上是色彩刺激视觉而产生的生理和心理的综合反应，如图 3.3-16 与图 3.3-17 所示。绿色是视觉中最为舒适的颜色，因为它能吸收对眼睛有很强刺激性的紫外线。当人们因用眼过度而产生疲劳感时，多看看绿色植物或到室外树林、草地中散散步，有助于消除视疲劳。红色刺激性最大，既容易使人产生兴奋感，也容易使人产生疲劳感。凡是视觉刺激强烈的颜色或色组都容易使人疲劳，反之则容易使人舒适。一般来讲，纯度过强、色相过多、明度反差过大的对比色组容易使人疲劳，但是过暖的配色，由于难以分辨，容易造成视觉困难，也容易使人产生疲劳。

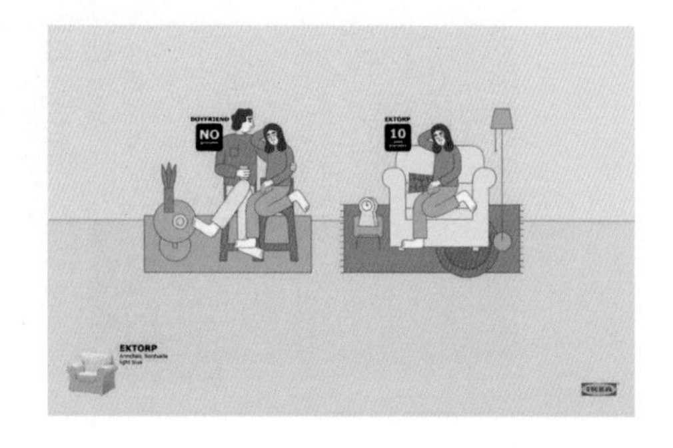

◎ 图 3.3-16　色彩的舒适感

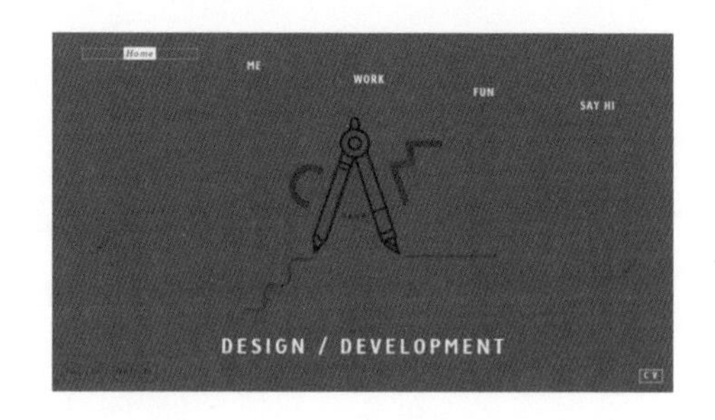

◎ 图 3.3-17　色彩的疲劳感

3.3.9 华丽感与朴素感

色彩的华丽感和朴素感色相关系最大，其次是纯度与明度。红色、黄色等暖色和其他鲜艳而明亮的色彩具有华丽感，青色、蓝色等冷色和其他浑浊而灰暗的色彩具有朴素感。有彩色系具有华丽感，如图 3.3-18 所示，无彩色系具有朴素感，如图 3.3-19 所示。

色彩的华丽感与朴素感也与色彩组合有关，运用色相对比原则所形成的配色具有华丽感，其中补色组合最华丽。为了增加色彩的华丽感，金色、银色的运用最为常见。金碧辉煌、富丽堂皇的宫殿色彩，昂贵的金、银装饰是必不可少的。

◎ 图 3.3-18　色彩的华丽感

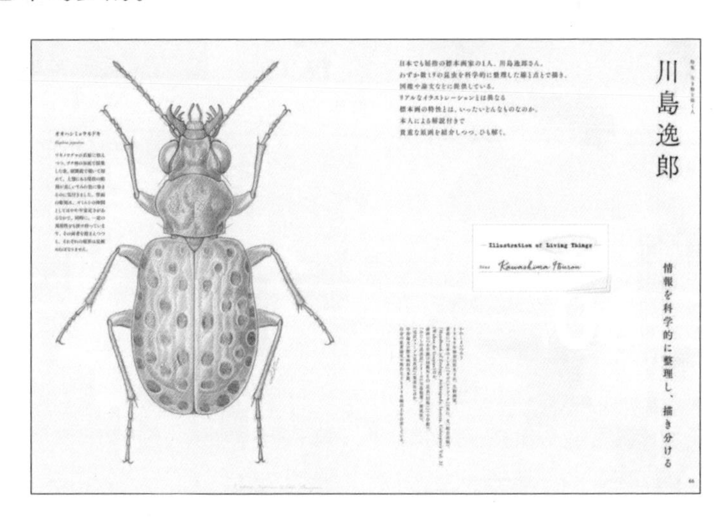

◎ 图 3.3-19　色彩的朴素感

3.3.10 积极感与消极感

色彩的积极感与消极感同色彩的兴奋感与沉静感相似。歌德认为所有色彩都位于黄色与蓝色之间，他把黄色、橙色、红色划为中性色彩，是积极主动的色彩。体育教练为了充分发挥运动员的体力潜能，曾尝试将运动员的休息室、更衣室刷成蓝色，以便营造一种放松的氛围；当运动员进入比赛场地时，要求先进入红色的房间，以便创造一种强烈的紧张气氛，以鼓动士气，使运动员提前进入最佳的竞技状态，如图 3.3-20 和图 3.3-21 所示。

◎ 图 3.3-20　色彩的积极感

◎ 图 3.3-21　色彩的消极感

3.3.11 季节感

1. 春天

春天具有朝气、新生命的特性，春天型色彩一般运用各种高明度和高纯度的色彩，以黄绿色为典型。黄色是最接近于白色的色彩，黄绿色则是它的强化色。浅的粉红色和浅蓝色调扩大并丰富了这种颜色。

黄色、粉红色和淡紫色是植物的蓓蕾中常见的颜色，如图 3.3–22 所示。

◎ 图 3.3–22　彩妆品牌的视觉形象

2. 夏天

夏天具有阳光、热烈的特性，夏天型色彩一般是由高纯度的色彩形成的，以高纯度的绿色、高明度的黄色和红色为典型，如图 3.3–23 所示。

◎ 图 3.3–23　网站的网页设计

3. 秋天

秋天具有成熟、萧索的特性，秋天型色彩一般是黄色及暗色调为主的色彩，如图 3.3–24 所示。秋季的色彩与春季的色彩对比最为强烈。在秋季，草木的绿色渐渐消失，因即将衰败而变为阴暗的褐色和紫灰色。

4. 冬天

冬天具有冰冻、寒冷的特性，冬天型色彩一般是灰色及高明度的蓝色、白色等冷色，如图 3.3-25 所示。

◎ 图 3.3-24　故宫博物院的海报

◎ 图 3.3-25　自行车厂的海报

3.3.12　味感

色彩的味觉与人们的生活经验、记忆有关，看到青苹果就能想象出酸甜的味觉；看到红辣椒就能想象出辣的味觉；看到黄澄澄的面包就能想象出香甜的味觉，所以色彩虽不能代表味觉，但各种不同的颜色却能引发人关于味觉的想象。色彩可以促进人的食欲，“色、香、味俱全”贴切地描述了视觉与味觉、嗅觉的关系。色彩味觉和嗅觉的使用在食品包装上较为普遍。例如，食品店多用暖色光，尤其是橙色系来营造温馨、香浓、可口、甜美的气氛，因为明亮的暖色系最容易引起人的食欲，也能使食物看上去更加新鲜。再如，松软食品的包装颜色会采用柔软感的奶黄色、淡黄色等。巧克力的包装颜色采用熟褐、茄石等较硬的色系，以体现巧克力优良的品质。酸的食品或者芥末通常采用绿色和冷色系的搭配，如图 3.3-26 所示。

◎ 图 3.3-26　色彩的味感

3.3.13　音感

有时人们会在看见色彩时感受到音乐的效果，这是由于色彩的明

明度越高的色彩，感觉其音阶越高，而明度很低的色彩有重低音的感觉。

度、纯度、色相等对比所引起的一种心理感应现象，如图 3.3-27 所示。通过色彩的搭配组合，使色彩的明度、纯度、色相产生节奏和韵律，可以给人以有声之感。就像美国艺术评论家罗金斯对色彩的魅力做过这样精彩的描述："色彩能在人们的心中唤起永恒的慰藉和欢乐，色彩在最珍贵的作品中，最驰名的符号里，在最完美的乐章上大放光芒。色彩无处不在，它不仅与人体的生命有关，而且与大地的纯净与明艳有关。"

一般来说，明度越高的色彩，感觉其音阶越高，而明度很低的色彩有重低音的感觉。例如，黄色是快乐之音，橙色是欢畅之音，红色是热情之音，绿色是闲情之音，蓝色是哀伤之音。在进行版式设计时运用色彩的

（a）抒情委婉的节奏与强烈有力的节奏

（b）明快跳跃的节奏与中缓中速的节奏

（c）欢快的轻音乐与优雅的小夜曲

（d）起伏跌宕的交响曲与激昂强烈的进行曲

◎ 图 3.3-27　色彩的音感

这种音感进行合理搭配，可以使广告画面的情绪得到更好的渲染，而达到良好的记忆留存的效果。

3.4　色调

色调指的是一幅画中画面色彩的总体倾向，是大的色彩效果。例如，人们欣赏自然景色时会这样形容：“早晨，世界被笼罩在一片金色的阳光之中”；“深秋的公园被笼罩在迷人的金黄色中”或是“大雪过后，一片银装素裹”……这种呈现出来的最为显眼的色彩倾向就是所谓的色调。

色调大致可分为“明清色调”、“中间色调”和“暗清色调”3 种，如图 3.4-1 所示。

（1）明清色调：在纯色中混合“白色”形成的色调；

（2）中间色调：在纯色中混合“灰色”形成的色调；

（3）暗清色调：在纯色中混合“黑色”形成的色调。

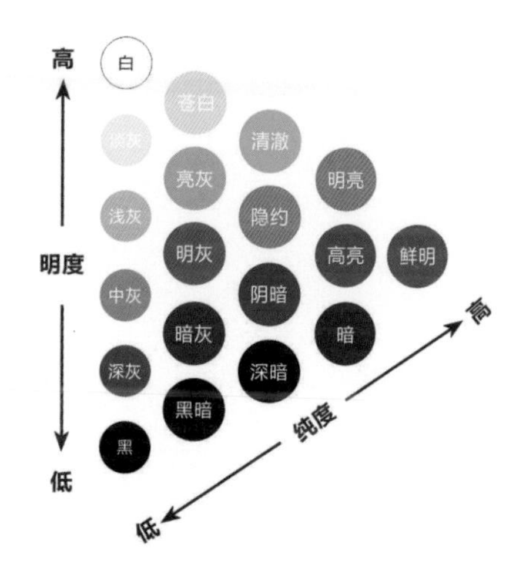

◎ 图 3.4-1　色调的分类

3.4.1　鲜明色调

鲜明色调就是人们常提到的“纯色调”，理论上是不夹杂任何其他色彩的颜色，在所有的色调中是最鲜艳、感官刺激最强烈的色调，如图 3.4-2 所示。

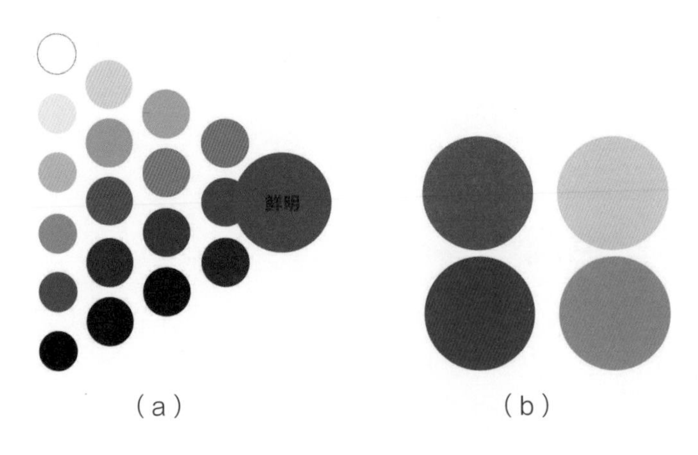

◎ 图 3.4-2　鲜明色调

鲜明色调的印象：鲜明、清晰、艳丽、醒目、生动活泼、爽快、活跃、积极、健康、明亮、随意、年轻。

若处理不当则会显现鲜明色调的“廉价感”“花哨感”，通常会搭配其他色调进行调和。如图 3.4-3 所示的电影海报，色彩鲜艳且爆炸的风格，正是向观众展示哈莉·奎茵那令人愉悦却又危险的美。

◎ 图 3.4-3　《猛禽小队和哈莉·奎茵》的电影海报

3.4.2 明亮色调

明亮色调是在“鲜明色调”的基础上加入少许的白色，少了鲜明、艳丽的感觉，却更显得干净、明朗，如图 3.4-4 所示。

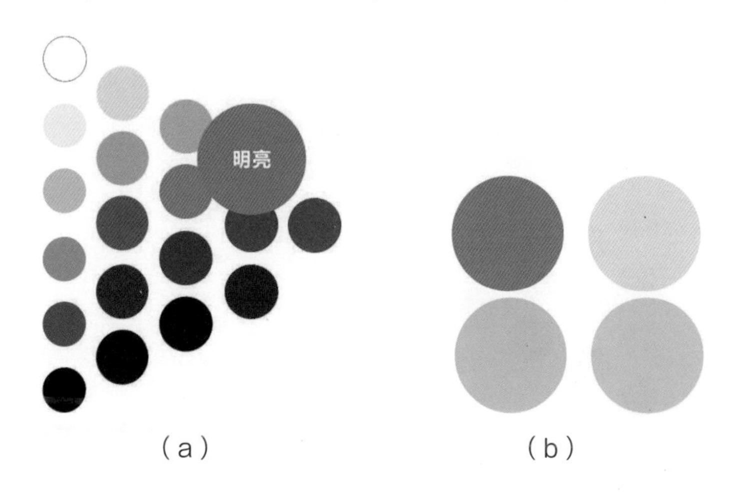

◎ 图 3.4-4　明亮色调

明亮色调的印象：澄清、清爽、纯净、纯朴、天真、快乐、孩子气。

明亮色调给人的第一印象就是干净、清爽，加入的少许白色，让色调整体显得更舒适，不会过于突出，如图 3.4-5 所示。画面整体以明亮色调为主时，也会显得轻浮、不稳定。

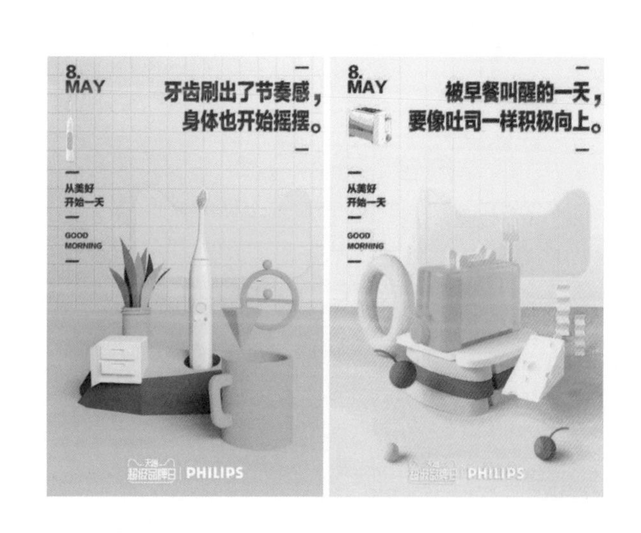

◎ 图 3.4-5　“从美好开始一天”主题海报

3.4.3 苍白色调

苍白色调又称“淡色调”，向明亮色调中继续加入白色就会得到苍白色调，它没有色相原本的色彩印象，更多地偏向冷静、冷淡的感觉，如图 3.4-6 所示。

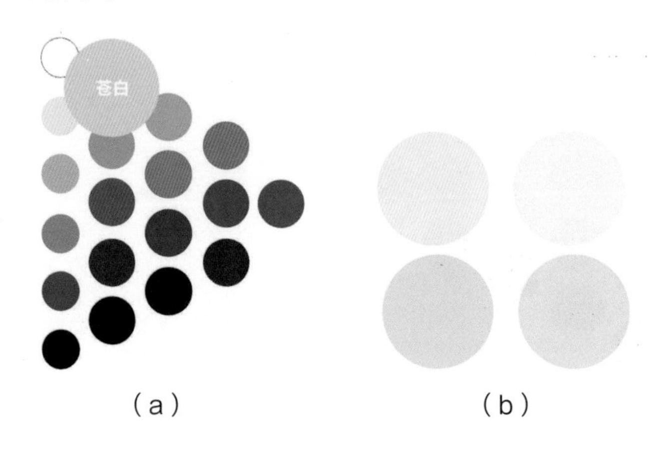

（a）　　　　（b）

◎ 图 3.4-6　苍白色调

苍白色调的印象：轻盈、淡雅、温柔、可爱、快乐、甜蜜、爽快、女性、孩子气，所以苍白色调又称少女心的马卡龙色调，如图 3.4-7 所示。

（a）温柔、浪漫

（b）少女心

（c）淡雅、高档

◎ 图 3.4-7　少女心的马卡龙色调

（d）淡绿色给人舒缓、平静、柔和、宁静

◎ 图 3.4-7　少女心的马卡龙色调（续）

苍白色调排除了色相本身的印象显得更加地纯洁、干净。正因如此，苍白色调没有强烈的个性，会给人带来冷淡的感觉。

3.4.4　阴暗色调

阴暗色调也是人们常说的“浊色调”，往鲜明色调中加入少许灰色就会得到这种带有“高级感”的色调，如图 3.4-8 所示。

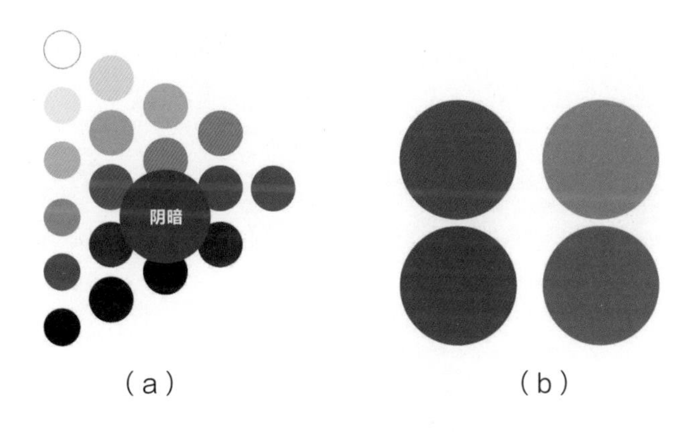

（a）　（b）

◎ 图 3.4-8　阴暗色调

阴暗色调的印象：稳重（历史）、高档次（品质）、时髦、柔韧、朦胧、浑浊、暗淡、朴素，如图 3.4-9 和图 3.4-10 所示。

◎ 图 3.4-9　具有历史感的阴暗色调

◎ 图 3.4-10　具有品质感的阴暗色调

阴暗色调是属于成人的色调，常用在低调、奢华的主题中。同时，大面积的阴暗色调会让画面显得脏乱和压抑。

3.4.5 亮灰色调

向阴暗色调中继续加入灰色就会得到亮灰色调，如图 3.4-11 所示，和阴暗色调类似，亮灰色调也具有“高级感”，但更多的是用来表现女性的优雅感。

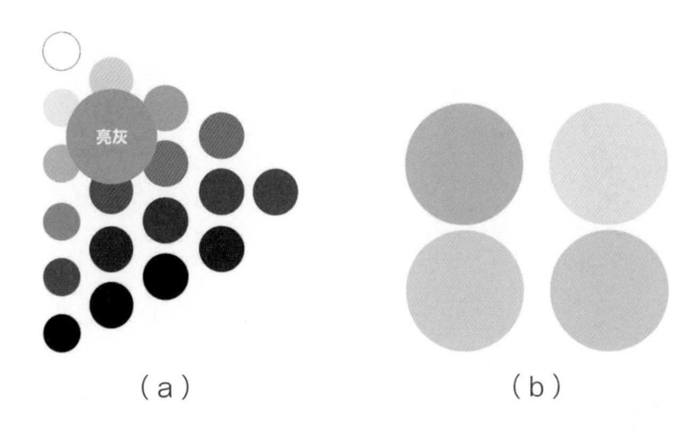

◎ 图 3.4-11　亮灰色调

亮灰色调的印象：稳重、安详、古朴、淡雅、雅致、高雅、干练、纤细。

亮灰色调的色彩倾向比较弱，具有柔和的女性感觉，和淡弱色调类似，也会带有消极、冷淡的感觉。如图 3.4-12 所示的海报，素色调 + 大面积留白很好地体现出了品质感、冷静的特点。如图 3.4-13 所示的外卖主题海报，如果单从品质感体现这点

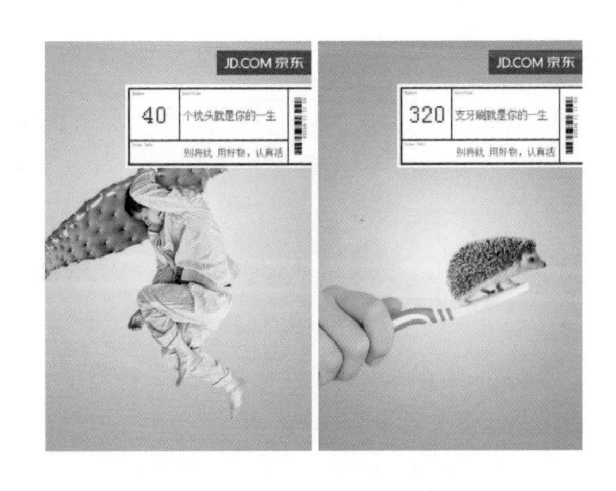

◎ 图 3.4-12　京东的海报

来说，这组海报柔色调比重过大，显得比较柔和，若换成素色调则更能体现出品质感。

◎ 图 3.4-13　主题海报设计

3.4.6　暗色调

在鲜明色调中混合黑色就会得到暗色调，如图 3.4-14 所示，加入的黑色越多，暗色的属性就会越明显。

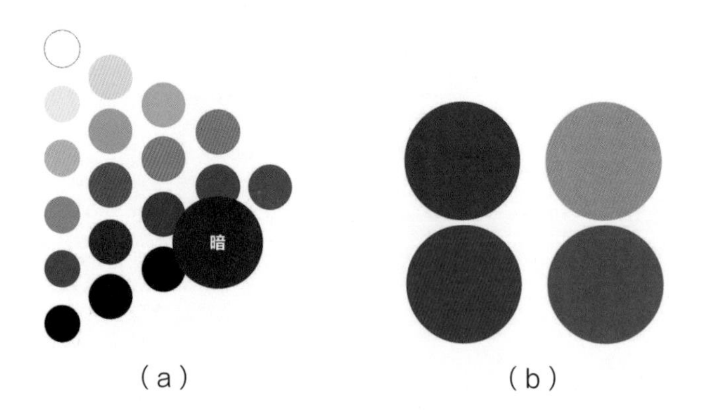

◎ 图 3.4-14　暗色调

暗色调的印象：厚重、强力、深沉、信赖、高级、格调高雅、坚固、男性、沉稳而有韵味、阴暗，如图 3.4-15 所示。

暗色调通常能体现出男性的特质，使得画面具有能量感和神秘感，但不恰当的配色也会导致画面效果阴暗、压抑。

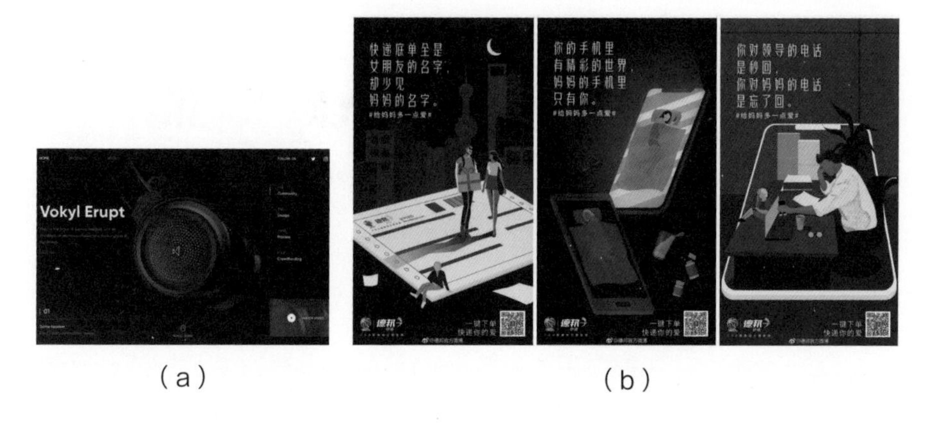

（a）　　　　　　　　（b）

◎ 图 3.4-15　暗色调的印象

3.4.7 白色调

白色调不是指纯白色相，只要在颜色中加入 95% 以上的白色就会得到白色调，如图 3.4-16 所示。它没有色彩的强烈主张，在画面中一般起到衬托的作用。

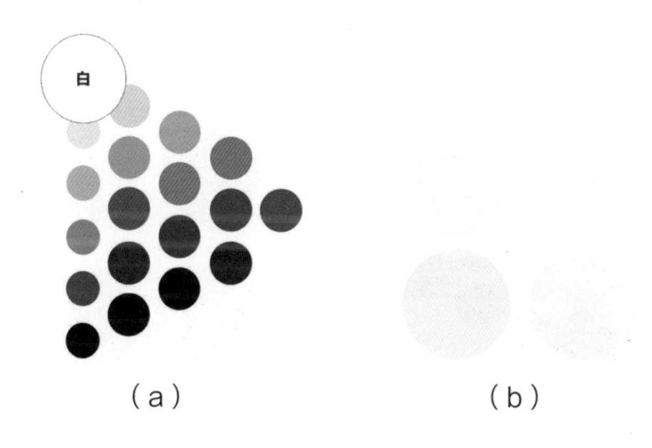

（a）　　　　　　　　（b）

◎ 图 3.4-16　白色调

白色调的印象：纯洁、干净、朴素、低调、极简、优雅、平淡、简单，如图 3.4-17 所示。

◎ 图 3.4-17　白色调可突出产品的质感

白色代表“空”和“无”，白色调常用于表现留白、极简、文艺的主题，它和其他色调搭配使用时，可使画面的整体效果变得非常清爽。

3.4.8　黑色调

黑色调又称暗色调，和白色调相反，常用于表现男性的、力量感的设计中，可给人无限的想象空间。同时它也可作为一种重要的调和色调出现，如图 3.4-18 所示。

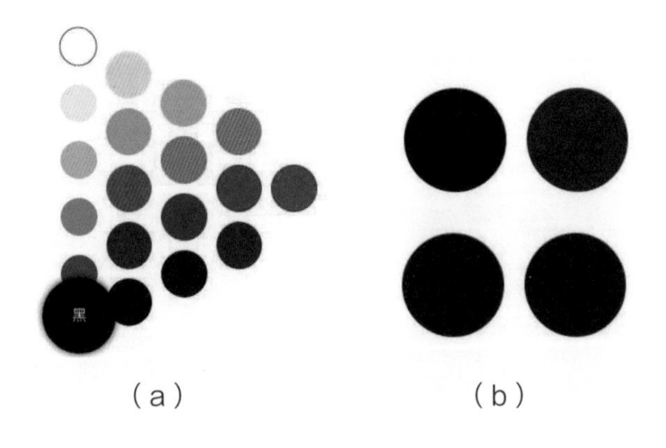

◎ 图 3.4-18　黑色调

黑色调的印象：男性、力量、神秘、严肃、高级、沉重、封闭、阴暗，如图 3.4-19 所示。

◎ 图 3.4-19　黑色调突出神秘感

黑色调是颜色最深的色调，除体现力量和神秘感之外，也会有封闭的孤独感。若运用不当，则会让作品和观看者之间产生疏离感。

3.5　色调的搭配

色彩是表现版面空间感的重要元素，色彩与色彩之间的属性差别和色调差别，形成了版面中丰富的层次及空间感，令版面更具有表现力。如图 3.5-1 所示的杂志版面，形态各异的香水瓶之间形成的透视效果和瓶内香水的深浅光影效果给人以丰富的版面空间感。

◎ 图 3.5-1　杂志的版面设计

色彩的组合方式种类繁多且各具特色，常见的搭配方式有同类色搭配、邻近色搭配、类似色搭配、对比色搭配和互补色搭配，如图 3.5-2 所示。

可以运用色彩明度的差别来营造空间感——用低明度色彩表示远景，高明度色彩表示近景；也可以利用色彩纯度的前进感和后退感来营造版面的空间层次感——用高纯度的色彩表现近景，用低纯度色彩表现远景。

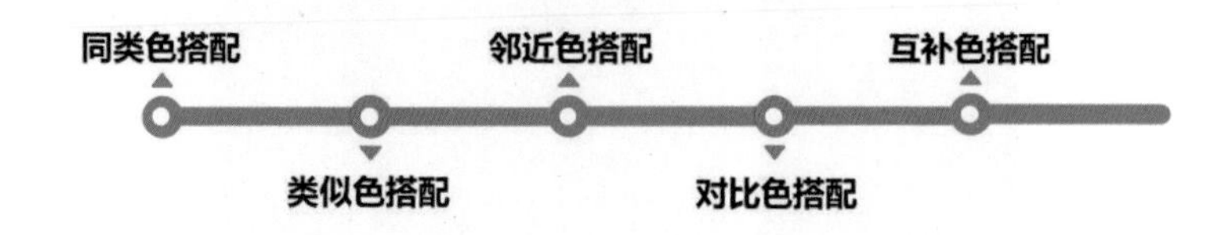

◎ 图 3.5-2　色彩的搭配方式

3.5.1　同类色搭配

同类色指在同一色相中所呈现的不同颜色，其主要的色素倾向都比较接近，如红色类中有紫红、深红、玫瑰红、大红、朱红、橙红等种类。同类色的色相之间差距较小，可以运用色彩明度的差别来营造空间感——用低明度色彩表示远景，高明度色彩表示近景；也可以利用色彩纯度的前进感和后退感来营造版面的空间层次感——用高纯度色彩表现近景，用低纯度色彩表现远景。这些都属于难度较高的配色类型。

1. 同类色对比

在同类色组合的版式设计中，为了加强画面中的对比度，可以适当地在画面中增加一些该种色彩的过渡色。通过这种方式不仅能营造出单纯、统一的画面效果，还能使版面的色调变化更为丰富与细腻。如图 3.5-3 所示的网页设计，整体的蓝色设计带来统一印象，颜色的深浅分别承载不同类型的内容信息，如信息内容模块，白色底代表用户内容，浅蓝色底代表回复内容，更深一点的蓝色底代表可回复操作。因此颜色既主导着网页信息的层次，也保持了推特的品牌形象。

2. 同类色调和

调和就是指降低同类色间的对比性。通常情况下，可以采用明度值相近的同类色来进行版式搭配，利用色彩间微弱的明度变化来打造和谐、统一的视觉氛围。除此之外，还能使版式中的主题得到突出和强调。如图 3.5-4 所示的武汉“抗击疫情”的宣传海报，满版郁郁葱葱的绿色森林充满生机和活力，配合版面中的同类色文案，将武汉在疫情肆虐的非常时期感受到各个省市医疗队驰援的感激之情溢出海报。

◎ 图 3.5-3　推特的网页设计

◎ 图 3.5-4　武汉“抗击疫情”的宣传海报

3.5.2 类似色搭配

类似色是指色相环上相连的两种色彩，如黄色与黄绿色、红色与红橙色等。类似色在色相上有着微弱的变化，因此该类色彩被放在一起时很容易被同化。但相对于同类色来讲，一组类似色在色相上的差异就变得明显了许多。

1. 类似色对比

为了在版面中有效地区分类似色彩，可以在该组色彩中加入无彩色或其他色彩，以制造画面的对比性。通过这种方式不仅能有效地打破类似色搭配所带来的呆板感与单一性，同时还能赋予版面以简洁的配色效果。如图 3.5-5 所示的电影海报设计，在一片黄沙中，利用光影效果对主标题制作类似色的对比效果，强化了主标题的金属感和立体感，营造出变化丰富跳跃的色彩层次。

◎ 图 3.5-5 《变形金刚 4：灭绝时代》的海报设计

2. 类似色调和

由于类似色在色相上存在着较弱的对比性，因此通过使用类似色搭配，可以帮助版面营造出舒适、淳朴的视觉氛围，同时利用该画面效果，还能留给观看者十分深刻的印象。如图

◎ 图 3.5-6 玻利维亚国际海报双年展主题海报类入围作品

3.5-6 所示的主题海报，利用黄色与黄绿色类似色之间在色相上的弱对比，以及在明度和纯度上的渐层的处理，既营造出动感、深邃的立体空间，又营造出平缓、低调的视觉氛围。

3.5.3 邻近色搭配

将色相环上 60° 至 90° 之间的色彩称为邻近色，如橙黄色与黄绿色就是一对邻近色。相对于前两种色彩搭配来讲，邻近色在色相上的差异性是最大的，因此该类色彩在进行组合时，所呈现出的视觉效果也是十分丰富和活泼的。

在版面的配色过程中， 为画面融入适量的邻近色，可以使画面体现出柔美别致的一面，同时还可以使版面的艺术性得到提升，给观看者留下亲切的视觉印象。如图 3.5-7 所示的 ALIDP 网页设计，纯度高的色彩用于组控件和文本标题颜色，其他控件采用邻近色可使页面显得不那么单调，将色彩饱和度降低后，用不同的背景色进行模块划分。

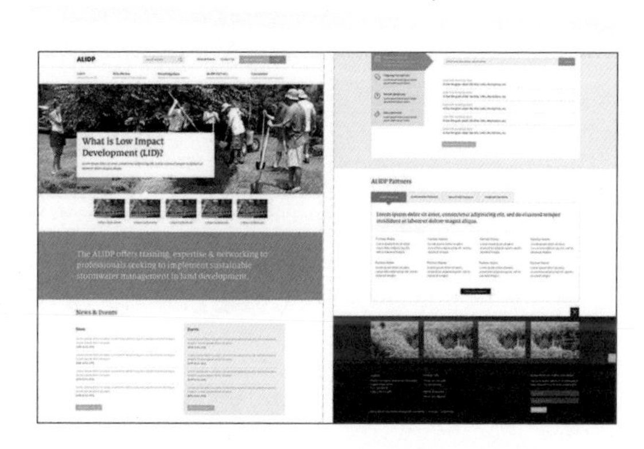

◎ 图 3.5-7　ALIDP 网页设计

3.5.4 对比色搭配

在版式设计中，运用对比色的方法来表现空间感可以使版面更加灵活。通过对比色之间的冷暖、明度、面积、形态等方面的差异，形成前进、后退、重叠等视觉效果，使版面产生丰富的层次感和空间感。

而且，色相间的对比相比同类色的对比其效果更具有变化感，版面效果更生动。

将色相环上间隔 120° 左右的两种色彩称为对比色，常见的对比色有蓝色、绿色与红色等。对比色在色相上有着明显的差异性，在版式设计中将对比色进行组合与搭配，可以使画面展现出鲜明、个性的视觉效果。

1. 强对比

对比色本身具备较强的差异性，为了在版面中加深它们之间的对比性，可以适当地提升色彩的纯度与明度，或扩大对比色在版面中的面积，通过这些方式来加强对比色的冲击力。如图 3.5-8 所示的 YouTube 网页设计，红色图标赋予组控件色彩和可操作任务，贯穿整个站点的可操作提示，又能体现品牌形象。红色多代表导航指引和类目分类，蓝色代表登录按钮、默认用户头像和标题，展示用户所产生的内容信息。

◎ 图 3.5-8　YouTube 的网页设计

2. 弱对比

将对比色的纯度或明度调低可以有效地减弱色彩间的对比性。除此之外，还可以在对比色间加入渐变色，利用渐变色规则的变化来缓解对比色的强烈效果，使画面变得更加自然、和谐。如图 3.5-9 所示，通过降低色彩的明度和纯度减弱了色彩在彩度上的对比，营造出温馨、和谐、稳重的画面。

◎ 图 3.5-9　post it awards 海报设计的获奖作品

3.5.5　互补色搭配

互补色是指在色相环上间隔夹角为 180° 左右的一对色彩，常见的互补色有红色与绿色、黄色与紫色和蓝色与橙色 3 种。在色彩搭配中，互补色的对比性是最强的，因此将互补色组合在一起可使版面产生强烈的视觉冲击力。为了更好地发挥互补色的作用，应根据主题的需要对补色进行适当的加强与调和处理。

1. 强对比

互补色是一对具有强烈刺激性的配色组合，它在视觉上能给人以冲击感。在版式的配色设计中，利用补色间的强对比性，可以打造出具有奇特魅力的视觉效果，同时给观看者留下非常深刻的记忆。如图

3.5–10 所示，将蓝色和橙色在明度上进行调高，增强了互补色之间的对比度，可引发观看者的阅读兴趣。

2. 弱对比

在平面设计作品中，过于强烈的互补色组合会使人的视觉神经产生疲劳感，甚至影响版面的信息传递。对色彩进行调和的目的就在于缓解画面的冲击感，即通过特定的表现手法来降低互补色间的对比性。常见的调和方法有减少互补色的配色面积、直接降低色彩的纯度与明度等。如图 3.5–11 所示，将多组互补色的明度、纯度降低，将互补色之间的对比减弱，营造了柔和的视觉效果。

◎ 图 3.5–10　奥斯卡获奖影片《勇敢传说》海报

◎ 图 3.5–11　波兰暗黑系列的电影海报

第 4 章

版式设计法则的精髓

4.1 格式塔视知觉原理

格式塔心理学诞生于 1912 年，其核心理论是，人的视觉是具有整体化、简化处理图形倾向的，因此，当一个不完整的图形出现在人的视觉中时，视觉思维会倾向于自动将其补全，使其变成一个已知的、完整的、常见的整体图形，即“完形”。例如，当你看到一个边缘有个很小的缺口的圆形时，就会将它识别为一个完整的圆形；当你看到天空中的一朵云时，就会下意识地把它想象成一个动物之类的物体形象。在神话故事里那些妖魔鬼怪、神仙菩萨的形象也是由已知的、熟悉的形象组合而成的，而不是凭空出现的。

“形状”和“图形”在德语中是 Gestalt，因此这些理论也称作视觉感知的格式塔原理。格式塔视知觉原理作为一个著名的心理学派，几乎适用于所有与视觉相关的领域。它与版式设计的关系也极其密切。它可以梳理设计中的信息结构、层级关系，提升版面的可读性。格式塔视知觉原理有 5 个特性，即接近原则、连续原则、闭合原则、相似原则、简单原则，如图 4.1-1 所示。

接近原则：对于彼此接近的事物、元素，人们倾向于认为它们是相关的。

◎ 图 4.1-1　格式塔视知觉原理

4.1.1　接近原则

接近原则是指对于彼此接近的事物、元素，人们倾向于认为它们是相关的。所以，面对数据时，人们会把数据等不同的对象分组，再组织到一起。对于设计者而言，这是一种非常有效的思路，即按照大脑吸收和消化数据的自然方式来组织信息。

如图 4.1-2（a）所示把所有的圆归为一组，而如图 4.1-2（b）所示则把这些圆归为两组。

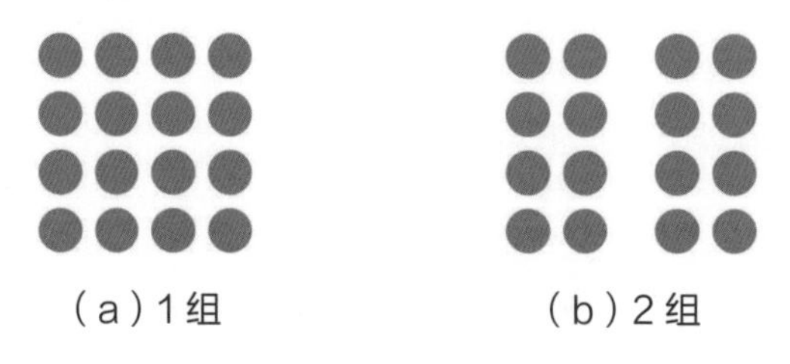

（a）1 组　　（b）2 组

◎ 图 4.1-2　圆的归组

值得注意的是，接近原则中距离的接近比色彩和形状的近似更容易被人所认知。即使是特征完全不同的元素，只要它们足够靠近，人们就倾向于认为这些元素是相关的，如图 4.1-3 所示。

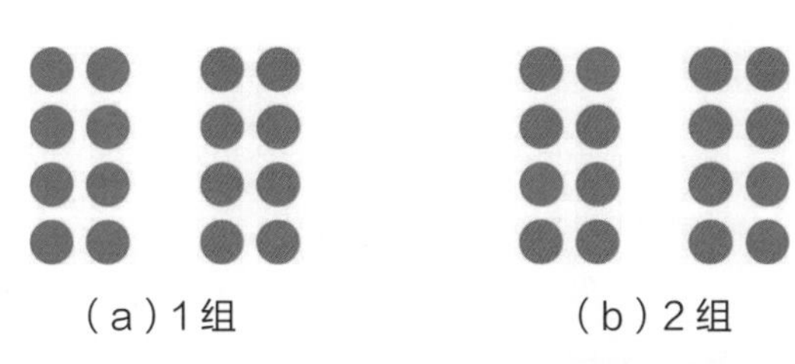

（a）1组　　（b）2组

◎ 图 4.1-3　距离的接近比色彩和形状的近似更容易被人所认知

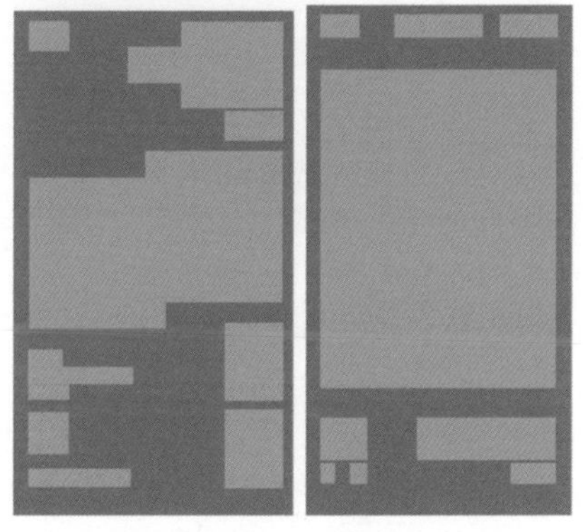

◎ 图 4.1-4　音乐节海报

在海报设计中把图文信息以不同形状、颜色、大小分组展示，这样在视觉层次上就会有明显区分，也更易于阅读。如图 4.1-4 所示，这组海报中的元素以组的形式分布，形成不同大小的视觉层次，让观看者能够依次看到主要信息、次要信息、辅助信息等内容。这也是设计者希望实现的信息顺序。

在包含大量不同内容的用户界面中，接近原则对于整体布局设计有极大帮助。合理运用接近原则能够让用户更轻松地获取信息、感知内容。很多时候，用户并没有准备好花费时间来学习复杂的界面，有快速被感知和识别的信息，可以更好地留住用户。让用户真正享受到网站或者 App 给他们带来的便利。

一般而言，接近原则在 UI 界面中有两个应用方向。

（1）应用于排版和文案等元素和内容。如图 4.1-5 所示的网站设计，顶部页头的几个链接关系着网站导航交互，它们被放置在一起，距离其他元素很远，很明显是一组的。而从侧面展开的菜单效果也类似，不同的链接互相靠近，组成不同的组。根据接近原则，负空间增强了页面的视觉层次结构。

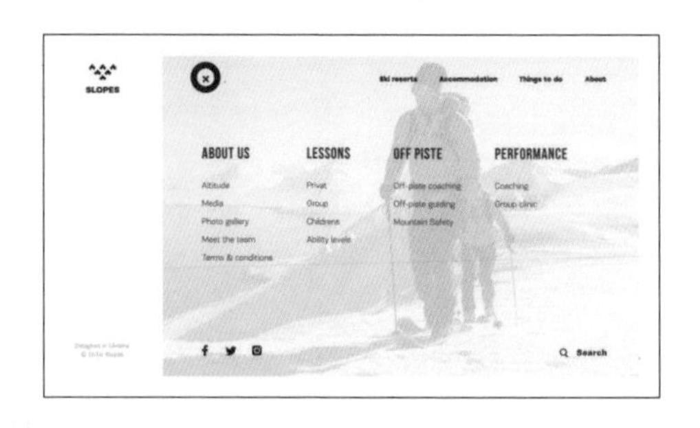

◎ 图 4.1-5　网站设计

（2）不同的内容区块和控件区块。如图 4.1-6 所示 App 页面设计，右侧显示的产品卡片，其中包含相关的一般数据，如颜色、宽度、质量和材质等，通过相互靠近和线条的分割让人轻松分辨出清晰的分组；其底部的文本内容也自然地被视为一个统一的内容片段。使用户能迅速看清哪些是关键数据，哪些是详细描述。

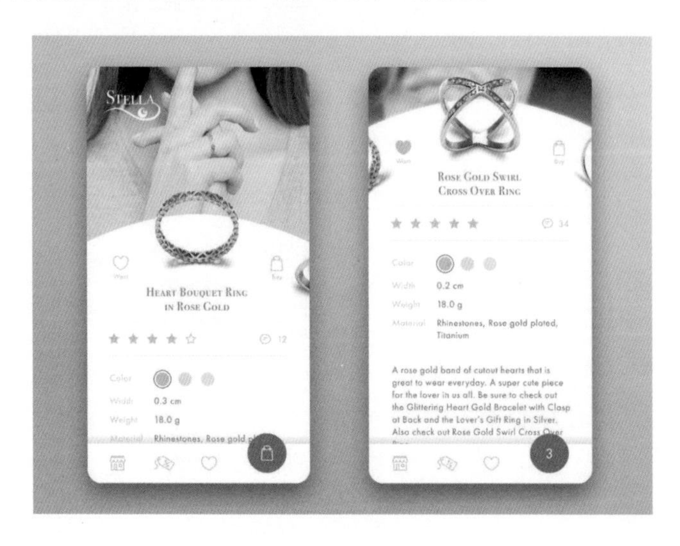

◎ 图 4.1-6　App 页面设计

连续原则：人的视觉能追随一个方向进行延续，以便把元素连接在一起，使它们看起来是连续向着特定方向的。

4.1.2 连续原则

人的视觉能追随一个方向进行延续，以便把元素连接在一起，使它们看起来是连续向着特定方向的，如图 4.1-7 所示。

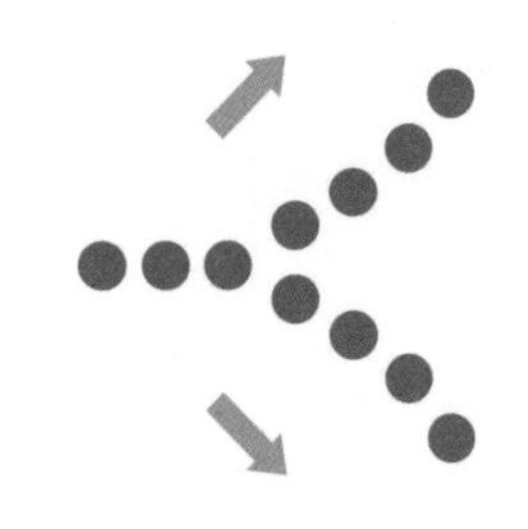

◎ 图 4.1-7 连续原则强调方向

沿着平直或曲折的线排列的元素比那些不在同一条线上的元素看起来更具整体性。如图 4.1-8 所示的元素分别呈现直线、波浪线和圆形的状态，它们都是作为整体被看待的。其中的关键是，要让这些单个的线条以某种规律相互关联起来，即将这些元素整齐地排列在一条清晰可辨的线上，或者从线条之间的距离及其长短关系中获得某种周期性的规律。

（a）直线　（b）弯曲的线　（c）围成圆圈的线

◎ 图 4.1-8 不同排列的元素组成的线（1）

在如图 4.1-9 所示的 3 个小图中，可以看出，图（a）中的线指向同一个中心，因此可以被看成一个整体。图（b）中的线就几乎看不出相关性。图（c）中的线则完全各不相干。

> 人的眼睛在观察物体时，大脑并不是在一开始就区分各个单一的组成部分，而是将各个部分组合起来，使之成为一个更易于理解的统一体。

（a）有一个共同的中心

（b）几乎没有相关性

（c）完全没有相关性

◎ 图 4.1-9　不同排列的元素组成的线（2）

连续原则在导航按钮的设计运用中体现得非常明显，用户一般会把同一条水平线上的图标默认为是同一级别的操作。如图 4.1-10 所示的网站导航设计，用户可以很直观地理解最上面一排的导航与网页内容的类型有关，而第二行的导航与内容的条目有关。网站不用专门指出它们的不同，因为根据连续原则，用户可以自己辨认出它们的差异。

◎ 图 4.1-10　网站导航设计

4.1.3　闭合原则

人的眼睛在观察物体时，大脑并不是在一开始就区分各个单一的组成部分，而是将各个部分组合起来，使之成为一个更易于理解的统一体，也就是人们日常生活中常见的形象。如苹果公司的 LOGO 虽然存在缺口，但能让人一眼看出是个苹果的外形，如图 4.1-11 所示；如图 4.1-12 所示的熊猫头部和背部都没有明显的封闭界限，但仍会认为它是一个完整的熊猫，且不会觉得奇怪。

◎ 图 4.1-11　苹果公司的标志　　◎ 图 4.1-12　世界自然基金会标志

闭合原则有形状闭合、负形闭合和经验闭合 3 种形态。

（1）形状闭合。大脑可将画面中的形状趋于完整的闭合。该手法多使用在字体、图形的设计中，如图 4.1-13 所示。

◎ 图 4.1-13　形状闭合

（2）负形闭合。画面中的负形（留白）会形成人们熟悉的形象作为整体被感知。由于不直观，需要花费精力领悟。该手法多用于标志、海报等艺术设计中。如图 4.1-14 所示的电影海报，设计者采用图底互补的设计手法，表现两个隔着火焰将要亲吻的人，极具视觉冲击力。

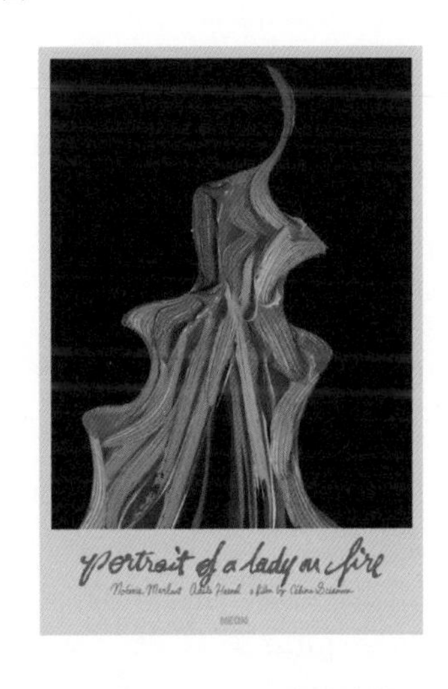

◎ 图 4.1-14　电影海报

（3）经验闭合。随着数字化界面设计水平的不断提高，人们发现简洁的闭合形式更有利于内容的传达。如图 4.1-15

相似原则：人们会把形状相同的物体和大小相同的物体当作整体来看待。

所示，虽然构成页面的三部分内容之间并没有明确的界线，但图片的排列方式让观看者在大脑中自动形成了某种“网格”。因此，观看者会把页面内容看成是独立的三列，而不是一个混乱的整体。

◎ 图 4.1-15 Abduzeedo 网站设计

4.1.4 相似原则

形状相同的物体和大小相同的物体也会被当作整体来看待。如图 4.1-16（a）所示，人们会把同样的正方形当成一个整体，将其他圆形当成另一个整体。在图 4.1-16（b）中，人们则会把大正方形当成整体，将小正方形当成另一个整体。

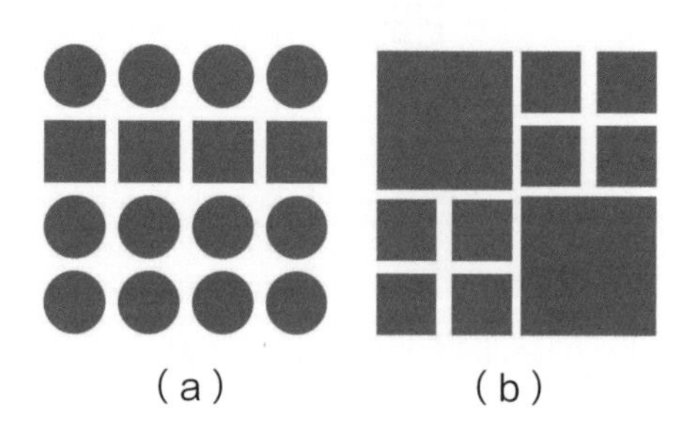

◎ 图 4.1-16 形状相同的物体和大小相同的物体

需要注意的是，人们对形状、大小、共同运动、方向、色彩的感受权重是不一样的，在这里色彩属性会覆盖其他属性的影响，如图 4.1-17 所示。

本·施耐德曼在界面设计经典著作——*Designing The User Interface* 里说过：“在界面设计中，要采取一致的行动顺序；在提示、菜单和主屏幕中应该使用相同的设计语言，并且始终保持一致的颜色、布局、大小写、字体等。”因此，在界面中进行元素设计时，需要对相同功能的内容进行样式统一，不同功能的内容应避免样式同质化，如图 4.1-18 所示。

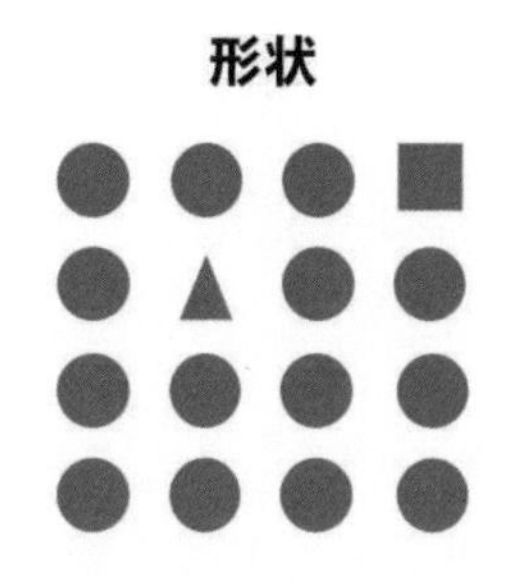

不同形状的信息组，多用于处理信息的重要程度平均的信息，不强调也不弱化不同的组信息，仅区分不同

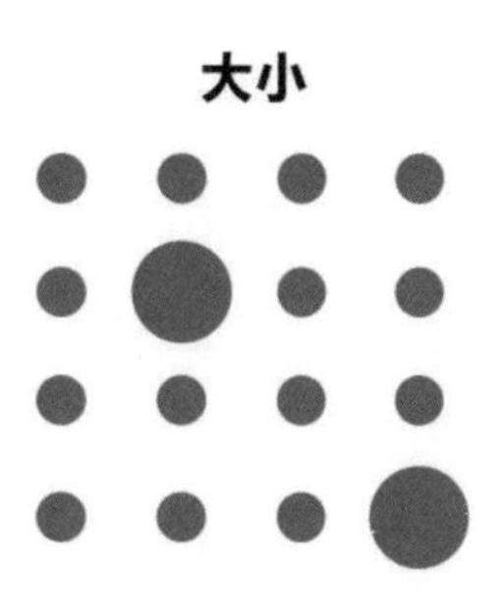

不同大小的信息组，多用于区分信息的重要程度

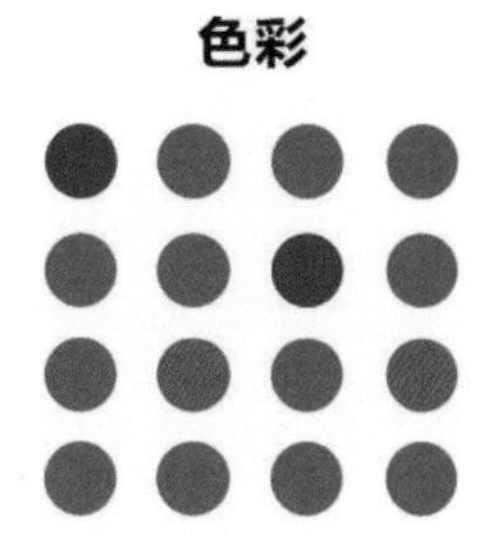

如果相邻元素色彩差异够大，信息组很容易用作强调和区分

◎ 图 4.1-17　形状、大小和色彩的不同感受权重

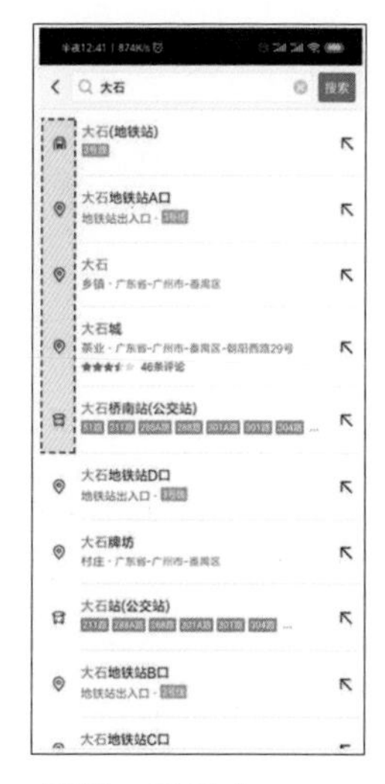

形状：差异小
区分不同类型的地点

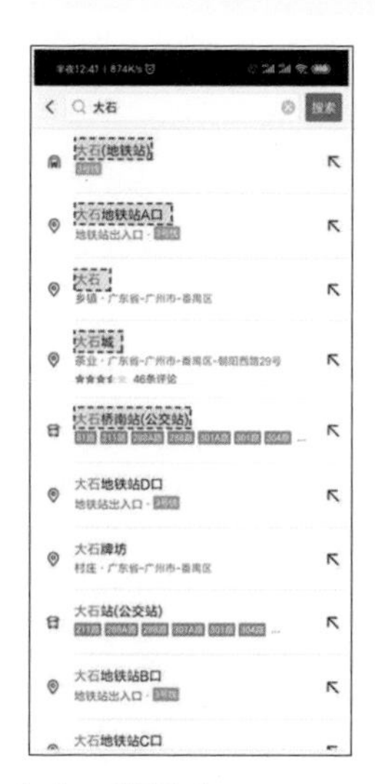

大小：差异小
区分名称和地址的详细消息

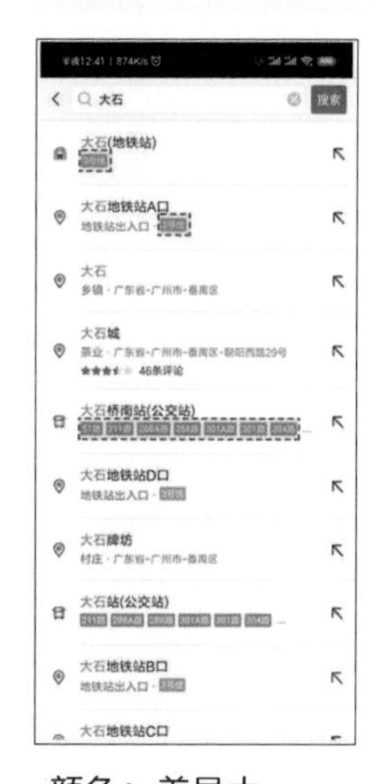

颜色：差异大
区分不同类型的标签

◎ 图 4.1-18　导航应用的界面设计

简单原则：人们一贯倾向于把复杂的场景简单化，从而来降低理解程度，视觉会不自觉地组织并分析数据，从而简化这些数据赋予它们的对称性。

4.1.5 简单原则

人们一贯倾向于把复杂的场景简单化，从而来降低理解程度，视觉会不自觉地组织并分析数据，从而简化这些数据赋予它们的对称性。

如图 4.1-19 所示，大家觉得这是两个圆形呢，还是两个残缺的圆加上两个圆的交集，或者是一个整体的形状被中间的交集分割了。

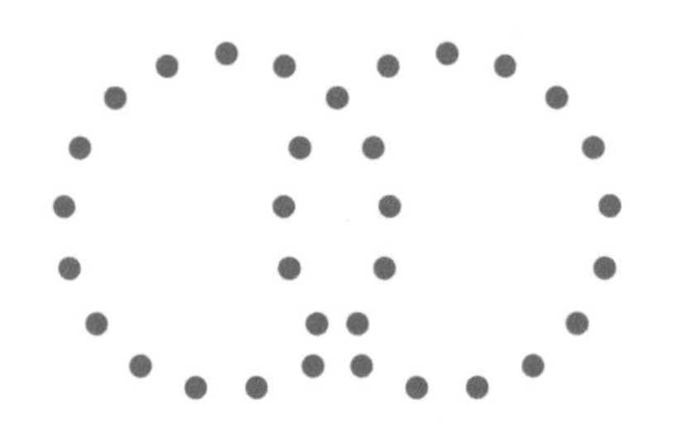

◎ 图 4.1-19　对图形的感受

根据格式塔视知觉原理，大家的第一感受是，这是两个完整的圆形，如图 4.1-20 所示。

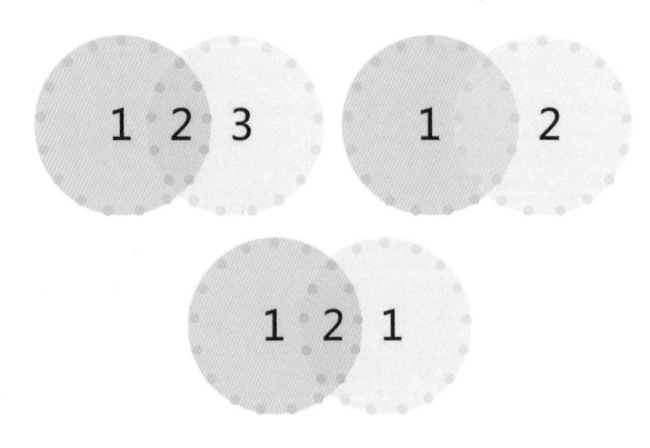

◎ 图 4.1-20　根据格式塔视知觉原理剖析的图形

这个原理也呈现在视觉重量或视觉流方面，人们常说的各种构图方法，其实也是这个原理，都是为了把复杂的信息元素通过简单的方式让观看者易于理解，从而降低信息的复杂程度。在版式设计时常会感到某个地方太突兀，出现使画面效果失衡的情况，这就是指画面平衡感，如图 4.1-21 所示。当然，设计时也可以“刻意为之”，利用一些不平衡的感觉，制造视觉引导，达到一定的设计目的。

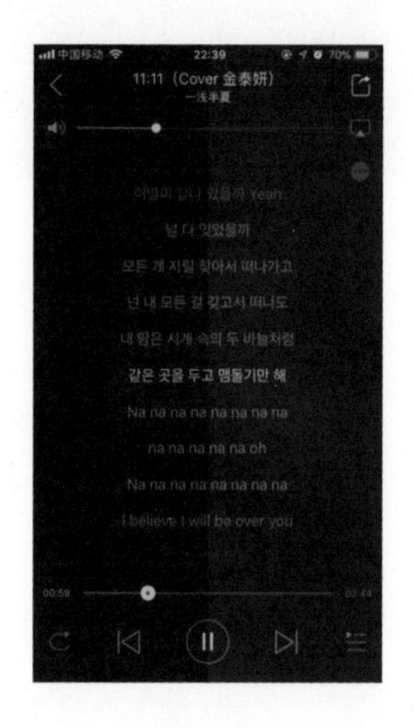

◎ 图 4.1-21　网易云音乐 App 画面平衡感

4.2　版式设计的 7 种形式法则

版式设计离不开艺术表现，美的形式原理是规范形式美感的基本法则，它是通过变化与统一、对称与均衡、秩序与单纯、对比与调和、虚实与留白、节奏与韵律、比例与适度等形式美构成的法则来规划版面的，它们之间的关系既对立又统一，如图 4.2-1 所示。

4.2.1　变化与统一

变化与统一是形式美的基本法则之一，它们在版式中发挥着不同的作用。变化是通过改变编排结构赋予版式生命力的；统一则是利用规整的排列组合，以避免版式整体显得杂乱无章。

变化与统一：在版式中发挥着不同的作用。变化是通过改变编排结构赋予版式生命力的；统一则是利用规整的排列组合，以避免版式整体显得杂乱无章。

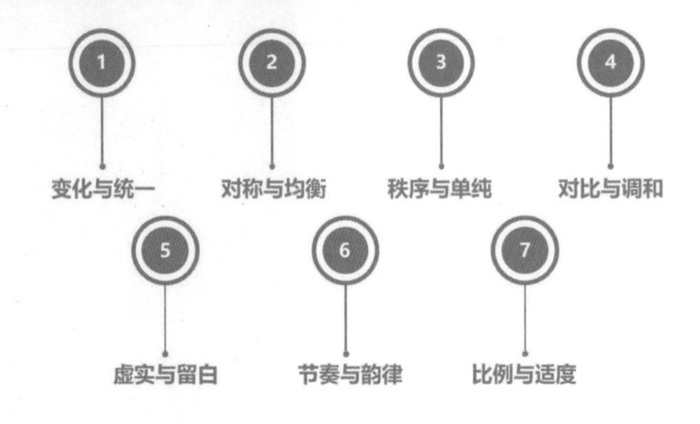

◎ 图 4.2-1　版式设计的 7 种形式法则

1. 变化

变化是一种创作力的具象表现，主要通过强调物象间的差异性来使版面产生冲击性。变化法则大致分为以下两种。

（1）整体变化。整体变化是指采用对比的排列方式，通过使版式形成视觉上的跳跃感，来突出画面的个性化效果。如图 4.2-2 所示，利用图形元素在空间透视作用下的渐变排列方式打造出版面整体的变化，给人以极强的速度感。

◎ 图 4.2-2　英文海报设计

（2）局部变化。局部变化是以版面的细节区域为编排对象，在实际的设计过程中，利用局部与整体间的差异性，使版式结构发生变化，给人以深刻的视觉印象。如图4.2-3所示，利用某些局部构图元素在形态上的变化，打造出跳跃的版面效果。

◎ 图 4.2-3　卡里 · 碧波的海报作品

2. 统一

统一可以理解为版式中图形与文字在内容上的逻辑关联，以及图形外貌与版式整体在风格上要保持一致性。根据画面主题的需要，选择与之相对应的文字与图形，通过表现形式与主题内容的高度统一，使画面准确地传达出相关信息。如图4.2-4所示，文字几乎是构成版面的唯一元素，胖乎乎的主题文字“PANDA”迎合了憨态可掬的大熊猫。其他文字或沿着6个大型主题字母呈曲线排列，或在这6个字母内部呈斜线排列，构成了高度丰富、统一、协调的版面感。

◎ 图 4.2-4　2020 全球熊猫主题插画大赛海报

在版式设计中，变化与统一法则之间存在着对立的空间关系，可以利用变化法则来丰富版式的结构，以打

对称与均衡：在具体的布局与结构上有着微妙的差异，比如对称法则要求设计对象在形态与结构上保持完全相同的状态，而均衡法则只要求设计对象维持在相对稳定的平衡状态。

破单调的格局，同时通过统一法则来巩固版面的主题内容，从而使版式在形式与内容上达到全面的效果。如图 4.2-5 所示，海报设计中将完全一致的杯子图形以规整的形式进行排列，构成统一的结构。通过杯身上呈现的不同方向和颜色的字母，以及杯子错落有致的开口方向的设计，塑造了版面效果的变化性和灵活性。

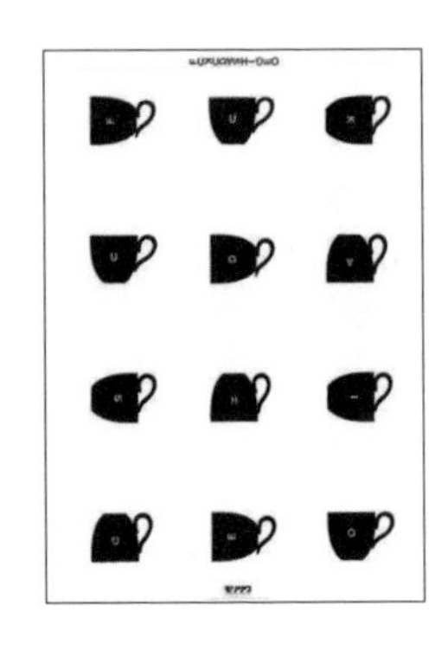

◎ 图4.2-5 （日）福田繁雄的海报设计

4.2.2 对称与均衡

对称与均衡是一对有着潜在联系的表现法则，它们在具体的布局与结构上有着微妙的差异，如对称法则要求设计对象在形态与结构上保持完全相同的状态，而均衡法则只要求设计对象维持在相对稳定的平衡状态。

1. 对称

这是一种极具严谨性的形式法则，它的构图方式是，以一根无形的直线为参照物，将大小、长短等因素完全一样的物象摆放在参照线的两端，以此构成绝对对称的形式。对称法则含有多种表现形式，并且各具特色，能带给人以平静的视觉感受。如图 4.2-6 所示，女主角左右对称的身影，呈现出优雅、内敛的怪异风格，就如同电影本身想传达的氛围那样。

◎ 图 4.2-6 电影《夜以继日》的海报设计

2. 均衡

均衡法则的特征在于，通过对画面中视觉要素的合理摆放，来确保版式在结构上的稳定性与平衡性。在进行视觉要素布局时，应着重考虑淡化各视觉要素间的主次关系，并使文字、色彩和图形等信息都得到全面表现，以此构成均衡的版式效果。如图 4.2-7 所示，将与麦当劳食品相关的图形素材以诙谐有趣的方式上下堆叠，形成杂技一般的动作效果，给人以均衡感，也反映了开心、快乐的广告主题。

◎ 图 4.2-7　麦当劳食品的平面广告

对称与均衡是一对完整的统一体，因此它们是可以存在于同一个版面中的。在版式设计中，可以将对称与均衡两种法则融合在一起，从而打造出极具庄严感的版式效果。与此同时，借助均衡法则的表现手法来打破对称法则的呆板，可以使版式效果变得更加丰富多彩。如图 4.2-8 所示，巧妙地利用地面的反射作用，将地面上人物倒影的动作和表情进行了变化，画面给人的感觉是，倾泻而出的饮料又回到了原容器中，这个设计十分形象地与广告主题相呼应。

◎ 图 4.2-8　Super Pell 清洁平面广告

秩序与单纯：相同点在于，都是利用极具条理性的布局结构来阐明版面主题。当然秩序与单纯也存在着差异性，如秩序以版式结构的严谨感为排列原则，而单纯讲究的是画面整体的视觉氛围。

4.2.3 秩序与单纯

在版式设计中，秩序与单纯是一对概念相近的形式法则，它们的相同点在于，都是利用极具条理性的布局结构来阐明版面主题。当然秩序与单纯也存在着差异性，如秩序以版式结构的严谨感为排列原则，而单纯讲究的是画面整体的视觉氛围。

1. 秩序

在版式设计中，将画面中的视觉要素按照规定的方式进行排列，从而打造出具有完整性与秩序性的版式效果。该形式法则不仅具备严谨的编排结构，此外，其规律化的排列形式还能使版面表现具有针对性。如图 4.2-9 所示，表达主题的“十字体”3 个汉字与“THE CROSS STYLE”英文词组的构成是由粗细、大小与色彩均不同的短线呈现不同的“十”字形构成，最终给观看者

◎ 图 4.2-9 “丁乙：十字体”海报

呈现出“星光闪烁”的艺术美感，也契合了“十字体”字体设计展览的主题。

2. 单纯

在平面构成中，单纯具有两层含义，一是指视觉要素的简练感，二是指编排结构的简约性。综上所述，单纯即是简化物象的结构，从而增强该物象在视觉上的表现力。采用单纯的版式结构，不仅有利于人们理解版面的主题信息，同时还能加深观看者的记忆。

在版式设计中，秩序是指有规律的排列方式，而单纯则是画面整体所呈现出来的一种简洁感。将秩序与单纯进行有机组合，并通过单纯的要素结构与井井有条的编排组织，加强版式的表现力，同时带给观看者以视觉上的冲击感。

如图 4.2-10 和图 4.2-11 所示，在大部分城市中，麦乐送服务有最低起送价和较高的配送费，因此，麦当劳转而从配送速度快、配送范围广，以及省心省力等方面挖掘创意点。海报的整体版面以充分延伸的几何线条作为主体，表现出配送的速度之快。有趣的是，这些线条还能组成有意义的信息，如薯条、汉堡和 M 字标志等。

◎ 图 4.2-10　麦当劳麦乐送服务广告（1）

◎ 图 4.2-11　麦当劳麦乐送服务广告（2）

对比与调和是版式设计中常见的形式法则，这两种法则在定义上是截然不同的，对比法则强调视觉冲击力，而调和法则则是以寻求和谐共生为主。

4.2.4 对比与调和

对比与调和是版式设计中常见的形式法则，这两种法则在定义上是截然不同的，对比法则强调视觉冲击力，而调和法则则以寻求和谐共生为主。为了创作出优秀的版式作品，应参照画面主题，同时结合设计对象的外形特征来判定与选择合适的表现法则。

1. 对比

对比法则是指将版面中的视觉要素进行强弱对照，并通过对照结果来突出版式主题的一种表现形式。版式设计中的对比包括图形、色调、动静、形体等的对比，能够让版面的视觉效果强烈、明了并凸显主题。如图 4.2−12 所示，通过人物身上互不搭调的上下衣着的搭配，打造出具有强烈对比性的版面结构。

◎ 图 4.2−12　killer 牛仔裤广告

2. 调和

在版式设计中，共有两种调和方式，一种是版面内容与结构的调和，即要求编排形式与主题信息的统一性。通过这种调和方式来强调编排结构的表现力，从而打造出具有针对性的版式效果。

另一种调和方式则是指版面中各种视觉要素在空间关系上的协

调性。通常情况下，将版面中的文字与图形以“捆绑”的形式进行组合排列，利用一一对应的编排结构打造出具有视觉平衡感的版式效果。如图 4.2-13 所示，运用一图配一文的形式进行编排，打造出具有调和感的版面结构。人物图形做去除图像人物背景处理，并呈向心型排列，从而加强了图片之间的关联性，形成版面的重心，给人以均衡感。

◎ 图 4.2-13　英文报纸版式

对比与调和在版式设计中互为因果关系。首先，通过物象间的对比使画面产生视觉冲突，从而吸引观看者的视线。其次，通过排列与组合的调和，寻求要素间的共存感，来避免观看者因过度的刺激而产生视觉疲劳。如图 4.2-14 所示，版面左右对称，极具稳定感。将不相干的两种事物利用它们在外形和色彩上的相似性进行有机互补拼接，十分具有和谐感。

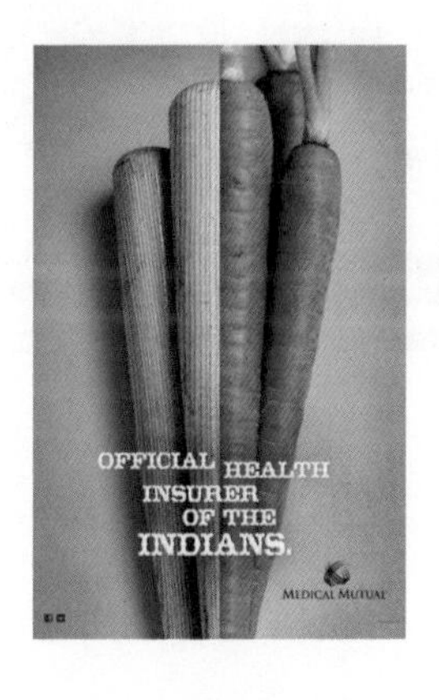

◎ 图 4.2-14　印度 Medical Mutual 健康保险公司的宣传海报

在版式设计中，应恰当地使用虚实与留白法则，并通过要素间真实与虚拟的对比效果来烘托主题，同时赋予版面以层次感。

4.2.5 虚实与留白

虚实与留白是进行版式设计时所要遵守的形式法则之一。在版式设计中，应恰当地使用虚实与留白法则，并通过要素间真实与虚拟的对比效果来烘托主题，同时赋予版面以层次感。

1. 虚实

版式中的虚实关系是指视觉要素间模糊与清晰的区别。在进行版式编排的过程中，刻意地将与主题无直接联系的要素进行虚化处理，使其达到模糊的视觉效果。与此同时，将主体物进行实体化处理，从而与虚拟的部分形成鲜明的视觉对比。如图 4.2-15 所示，利用黑夜中手电筒照射在动物身上的光影效果，突出了动物的面部形态，十分真实、逼真，而动物的其他部位则隐藏在黑夜中。

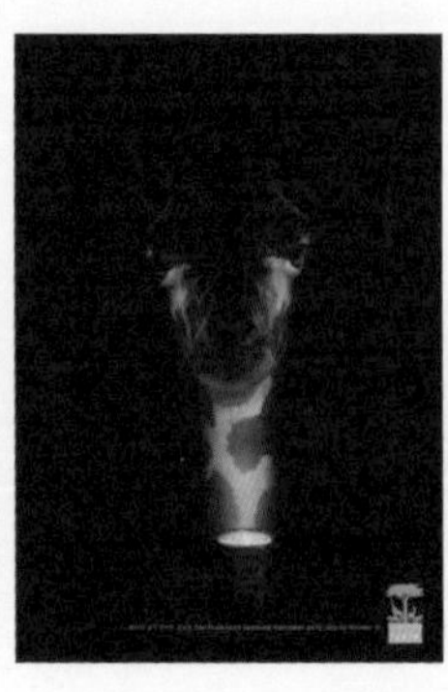

◎ 图 4.2-15　旧金山动物园的平面广告

“虚”是指版面中的辅助元素，如虚化的图形、文字或色彩，它们存在的意义在于衬托主体物；“实”是指版面中的主体元素，如那些给人以真实感的视觉要素。在版式中，“虚”与“实”是相辅相成的，可以利用它们的这种关系来渲染版式氛围，从而突出画面的重点。如图 4.2-16 所示，虚化的火球坠落和腾空而起的尘埃，呈现出在月球上宇航员们遇袭飙车火拼的惊险刺激的场面，尽显这部好莱坞年度科幻巨制的震撼视听奇观。

◎ 图 4.2-16　电影《星际探索》的海报

2. 留白

留白法则分为两种，一种是大面积留白，另一种是小面积留白，两者在表现形式与视觉效果上都存在着差异性。

大面积留白，是指版式中的留白部分在空间中所占的比例大于其他视觉要素（如文字、图形等）。利用该表现手法来打造空旷的背景画面，不仅为观看者提供了舒适的浏览环境，同时还使版式的整体效果显得格外大气。如图 4.2-17 所示，浅灰色的留白为整个客户端页面设计的排版布局填充了框架。

◎ 图 4.2-17　Medium 的客户端页面设计

小面积的留白是指留白空间在版面中所占的面积比其他视觉要素要小很多，从而构成一个相对拥挤、热闹的版式结构。因此，可加强版式的表现力，同时带给观看者以紧张、热闹的视觉印象。如图 4.2-18

所示，小面积的留白不仅使版面呈现出紧张、局促的视觉效果，也加强了版面主体图形元素的视觉表现力。英文字母以“线”元素等距排列组合的形式构成，颜色各不相同，充满极强的设计感。字母前后的交叠，使主体图形具有空间上的通透感和立体感。

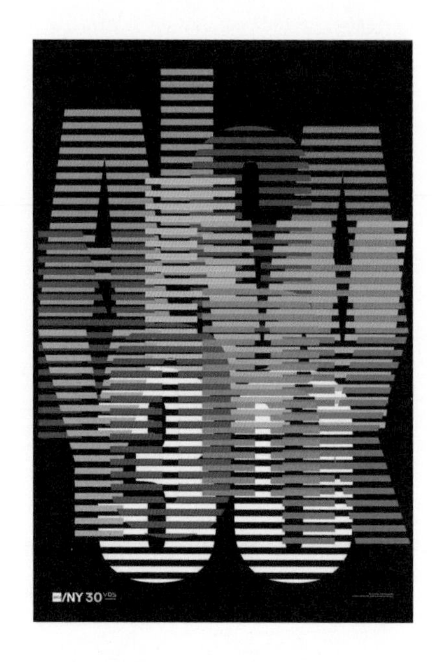

◎ 图 4.2-18　IGANY 三十周年海报邀请展的参展作品

虚实与留白在形式上有着一定的关联性。在版式设计中，空白的部分也可以被看作版式的虚空间，因此虚实与留白这两种形式法则也经常以共存的方式出现在同一个版面中。设计者通过将两者组合在一起，可以表现出虚实并进的画面效果。如图 4.2-19 所示，簇拥复杂的图形组合与单一的主体物在数量上形成对比，在视觉上形成虚实并存的空间结构。版面空间的大量留白，并结合图形的编排结构，使画面产生向上的视觉牵引力。

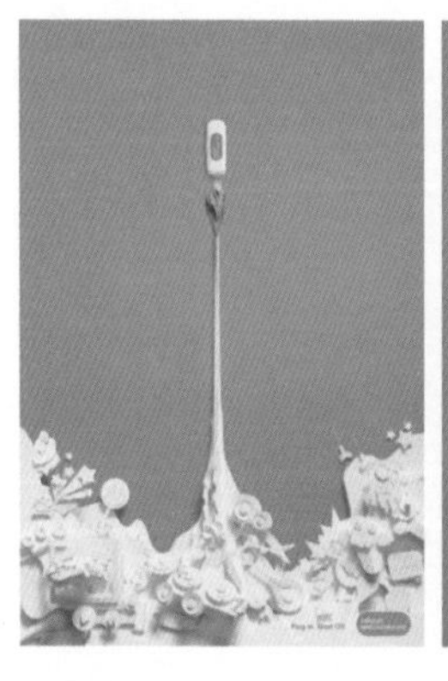

◎ 图 4.2-19　Celcom 无线网卡的创意广告

节奏与韵律：来自音乐概念，是体现形式美的一种形式，有节奏的变化具有韵律之美。

4.2.6　节奏与韵律

节奏与韵律来自音乐概念，是体现形式美的一种形式，有节奏的变化具有韵律之美。节奏是按照一定条理、秩序、重复连续地排列，形成一种律动形式的，它有等距离的连续，也有渐变大小、长短、明暗、形状、高低等的排列构成。在节奏中注入美的因素和情感个性化，就有了韵律。韵律就像音乐中的旋律，不但有节奏，更有情调，它能增强版面的感染力，开阔艺术的表现力。

版式中的节奏与韵律，虽然都建立在以比例、疏密、重复和渐变为基础的规律形式上，但它们在表达上仍存在着本质区别。简单来讲，节奏是一种单调的重复，而韵律则是一种富有变化的重复。如图 4.2-20 和图 4.2-21 所示，将直线条组合排列能赋予版面在编排上的节奏感和韵律感。

◎　图 4.2-20　国外割草机广告

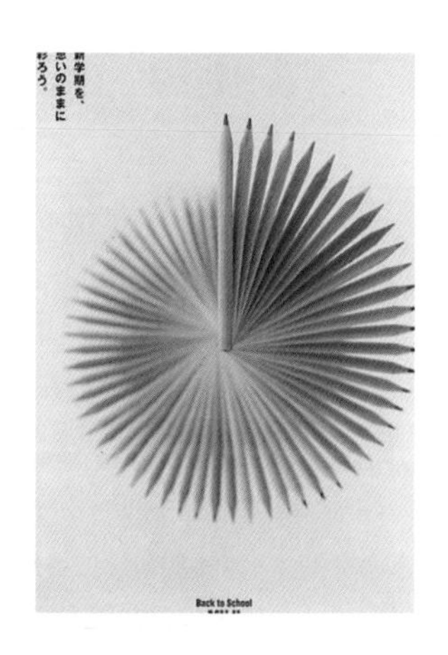

◎ 图 4.2-21　（日）新村则人的广告设计作品

比例是指平面构成中整体与部分、部分与部分之间的一种比率关系，是直观的判断，在视觉上是否让人感到舒服。

4.2.7 比例与适度

比例是指平面构成中整体与部分、部分与部分之间的一种比率关系。优秀的平面构成作品，首先要具有符合审美规律的比例感。这并不需要精确的几何计算，只需直观判断平面构成在视觉上是否让人感到舒服。如版心（版面放置内容的地方）的大小、版心与版面的关系、图片的比例、字距行距的安排、版面的分割等。黄金分割是最美的比例关系之一，黄金比又称黄金律，是指事物各部分间一定的数学比例关系，即将整体一分为二，较大部分与较小部分之比等于整体与较大部分之比，其比值约为 1∶0.618，即长段为全段的 0.618。0.618 被公认为最具有审美意义的比例数字，是最能引起人美感的比例，因此被称为黄金分割，如图 4.2-22 所示。此外，还有许多等比与等差的比例关系在平面设计中也被广泛地应用，如图 4.2-23 所示。

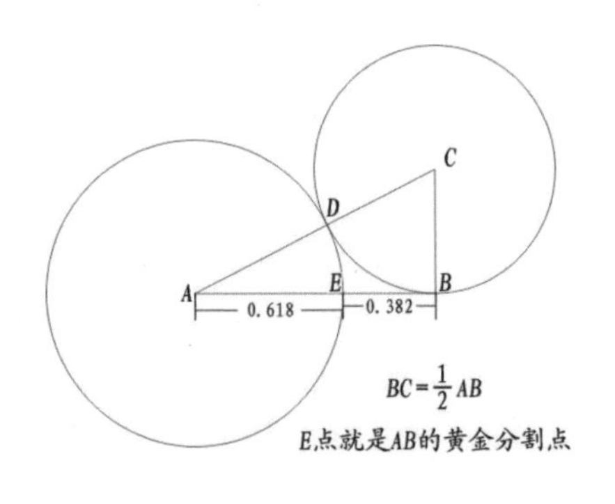

◎ 图 4.2-22 黄金分割

◎ 图 4.2-23 通栏、间距等采用黄金比例

适度就是人根据其生理特点或习惯的处理比例关系的感觉，也是设计者如何使平面构成从视觉上适合观看者视觉心理的处理技巧。良好的平面比例控制是设计者最基本的艺术修养与审美情趣的体现。

在 App 界面排布中，往往圆角和圆形比直角更容易让人接受，更加亲切，如图 4.2-24 所示。直角通常用在需要更全面展示的地方，如用户的照片、唱片封面、艺术作品、商品展示等地方，如图 4.2-25 所示。在个人类的 feed 或者头像、板块的样式中使用圆角会有更好的效果。

◎ 图 4.2-24　圆角和圆形比直角更容易让人接受

◎ 图 4.2-25　照片、唱片一般采用直角展示方式

总而言之，版式设计的形式法则是创造美感的主要手法，具有活跃和统一版面、突出重点、贯穿前后的重要视觉引导作用。每种形式原则，在表现上皆有不同的特点和作用，但在实际应用中都相互关联且共同作用。

4.3　12 种平面构图样式应有尽有

版式设计的构图类型多种多样，在进行版式设计时，通常需要运用不同的版面形式来传递信息。常见的平面构图类型有标准式、满版标准式从上到下的排列顺序为图片、标题、说明文字、标志图形。

面、定位式、坐标式、聚集式、分散式、导引式、组合式、立体式、重叠式、对角式和自由式，如图 4.3-1 所示。

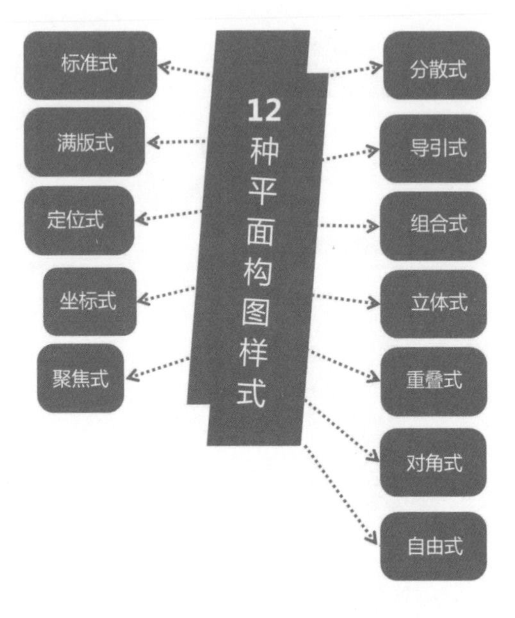

◎ 图 4.3-1　12 种平面构图样式

4.3.1　标准式

这是最常见的一种简单且工整的平面排版类型，一般从上到下的排列顺序为图片、标题、说明文字、标志图形。首先利用图片和标题来吸引观看者的注意，然后引导其阅读说明文字和标志图形。这种由上而下的阅读方式符合人们认识事物和思维活动的逻辑顺序，可产生良好的阅读效果。如图 4.3-2 所示，采用了标准式的构图，从上到下的编排分别为标题、图片和说明文字，条理清晰，视线走向明确。蓝色背景凸显了灰白色

◎ 图 4.3-2　MTV 拯救濒危物种的广告

满版式的构图指将图片铺满整个版面，产生的视觉冲击力非常强。

调的标题、图片和说明文字。

4.3.2 满版式

满版式的构图是将图片铺满整个版面，所产生的视觉冲击力非常强。根据版面需求编排文字，版式的整体感觉大方直观、层次分明。如图 4.3-3 所示，酒瓶、酒桶元素已经超出了整个界面的边界，给人以足够的想象力，丰富了整个界面的空间感。

◎ 图 4.3-3 酒庄的网页设计

4.3.3 定位式

定位式的构图是以版面中的主体元素为中心来进行定位，其他的

定位式的构图是以版面中的主体元素为中心来进行定位，其他的元素都围绕着这个中心对其进行补充、说明和扩展，力求深化、凸显主题。

坐标式的构图是指版面中的文字或图片以类似坐标轴的形式，垂直与水平交叉排列。适合相对轻松、活泼的主题，文字量不宜过多。

元素都围绕着这个中心对其进行补充、说明和扩展，力求深化、凸显主题。这样的构图重点在于能使观看者非常明确版面所要传递的信息，以达到成功宣传的目的。如图 4.3-4 所示，围绕“知美学堂”第三季第一讲的主题“汉字之美”，用大面积安排了几个极具代表性形态的汉字字体，并用朱红色的泼墨形成这几个汉字的背景色，构成版面的重心，以此定位，版面中的其他字体的文字都是对该活动的介绍和补充说明，信息表达充分，版面整体感强。

◎ 图 4.3-4 《汉字之美》的讲座海报设计

4.3.4 坐标式

坐标式的构图是指版面中的文字或图片以类似坐标轴的形式，垂直与水平交叉排列。这样的编排方式比较特殊，能给观看者留下较深的印象。适合相对轻松、活泼的主题，文字量不宜过多。如图 4.3-5

聚集式的构图是指版面中的大部分元素按照一定的规则向同一个中心点聚集。它能强化版面的重点元素，并同时具有内向的聚集感和向外的发散感，视觉冲击力较强。

所示，版面中的文字交叉排列，形成坐标式构图，塑造出极具空间立体感的造型，给人以很强的设计感。配合橙红的底色，使文字呼之欲出，形成视觉重心有效地传达了海报的诉求。

4.3.5 聚集式

版面中的大部分元素按照一定的规则向同一个中心点聚集，这样的构图方式被称为聚集式。它能强化版面的重点元素，并同时具有内向的聚集感和向外的发散感，视觉冲击力较强。如图 4.3-6 所示，聚集式地绘制了各种不同的鸟，在丰富多彩的水彩风格映衬下，呈现出多姿多彩的奇妙景观。

◎ 图 4.3-5　伦敦交通安全的宣传海报

◎ 图 4.3-6　电影《鸟之岛》的海报

分散式的构图是指版面中的主要元素按照一定的规则，分散地排列在版面中。给人以规律感和轻松感。

导引式的构图是指版面中的某些图形或文字，可以按照设计安排的顺序，引导观看者阅读版面中的内容，或透过导引指向版面中的重点内容对其进行强调。

4.3.6 分散式

分散式的构图是指版面中的主要元素按照一定的规则，分散地排列在版面中。这样的构图通常分布较平均，元素与元素间的空间较大，给人以规律感和轻松感。如图 4.3-7 所示，以纯度和明度极高的蓝色纸张作为背景，纸张上呈现散点排布的不规则漏洞。将代表不同声音的嘴部特写照片放置在纸的漏洞之后，给人以自由、有趣的视觉感受，并将标题与其他相关文字分布放置在漏洞的空白处，形成层叠的空间感。

◎ 图 4.3-7 （美）Jessica Walsh 设计的声音海报

4.3.7 导引式

导引式的构图是指版面中的某些图形或文字，可以按照设计安排的顺序，引导观看者阅读版面中的内容，或通过导引指向版面中的重点内容对其进行强调。如图 4.3-8 所示，右上角由光点向不同方向发射出的光线起到了引导观看者视线的作用。

◎ 图 4.3-8 深圳湾艺穗节海报

组合式的构图是指将一个版面分成左右或上下两部分，分别放置两张从中间裁切的不同图片，再将两张图片重新组合在一起，形成一张新的图片，产生出趣味感极强的版面效果。

4.3.8 组合式

组合式的构图是指将一个版面分成左右或上下两部分，分别放置两张从中间裁切的不同图片，再将两张图片重新组合在一起，形成一张新的图片，产生出趣味感极强的版面效果。如图 4.3-9 所示，将使用和不使用保鲜膜的食品图片进行组合拼接，直白地证明了保鲜膜的保鲜功效。白色的盘子同高明度和纯度的亮色对比，使主体物形象更加凸显。

◎ 图 4.3-9 Ziploc 保鲜膜广告

4.3.9 立体式

立体式的构图是指通过调整版面中的元素，将其制作成立体效果，或对元素的角度进行调整，将版面中的 2D 元素组合起来，以构成具有 3D 空间感的视觉效果，这种处理方式具有很强的视觉冲击力。如图 4.3-10 所示的平面广告，版面中的主体标题被处理成 3D 立体效果，强烈的立体感使主体视觉冲击力极强。版面采用“线”元素的编排手法。

立体式的构图是指通过调整版面中的元素，将其制作成立体效果，或对元素的角度进行调整，将版面中的 2D 元素组合起来，以构成具有 3D 空间感的视觉效果，这种处理方式具有很强的视觉冲击力。

重叠式的构图是指版面中的主要元素以相同或类似的形式反复出现，排列时表现为层层叠叠的样式，可以使版面呈现出较强的整体感、丰富感、活泼感、动感，增强图形的可识别性，适合用于时尚、年轻的主题。

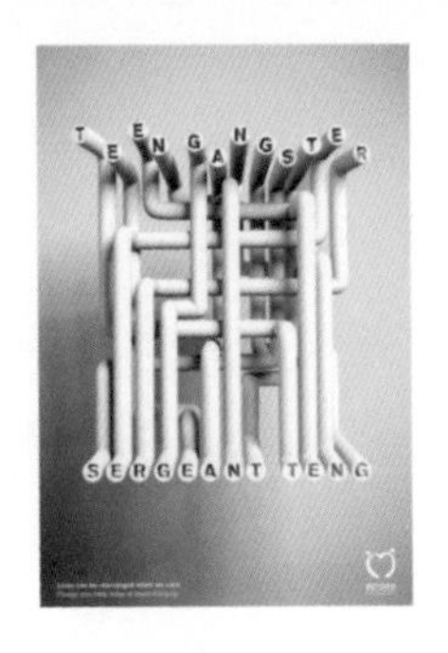

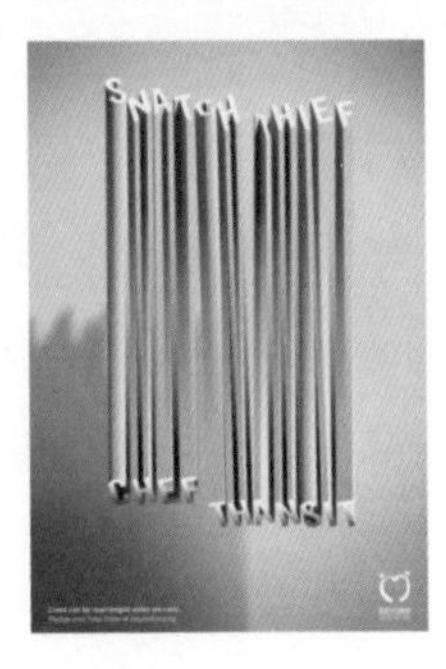

◎ 图 4.3-10　Beyond Social Services 公益平面广告

4.3.10　重叠式

重叠式的构图是指版面中的主要元素以相同或类似的形式反复出现，排列时表现为层层叠叠的样式。这样的构图可以使版面呈现出较强的整体感和丰富感，能够制作出十分活泼、动感的版面，并且能增强图形的可识别性，适合用于时尚、年轻的主题，如图 4.3-11 所示。

◎ 图 4.3-11　旅游宣传册的设计

对角式的构图强调方向性的沟通方式，它在画面中不仅能够给人一种力量感、方向感，同时还增强了被摄体本身的气势和画面的整体冲击力。

4.3.11 对角式

对角式的构图强调方向性的沟通方式，它在画面中不仅能够给人一种力量感、方向感，同时还增强了被摄体本身的气势和画面的整体冲击力。在利用对角式构图的过程中，设计者可以通过被摄体本身的形态在画面中直接表现出来。如图 4.3-12 所示，长城上的城墙正好经过画面的对角线，使画面一半被主体清灰色长城所占据，而另一半完全则留给了绿树覆盖的山体。虽然只是长城的局部，但起伏的气势已经非常明显，画面简洁而富有力量。

◎ 图 4.3-12　采用对角式构图的长城照片

在对角式的构图中，线所形成的对角关系使画面表现出纵深的效果。通过安排对角线的走向和透视畸变原理，可以在二维画面中展现空间感。引导观看者的视线到达画面深处，使单调无趣的主体变得逼真、稳健，如图 4.3-13 所示。

◎ 图 4.3-13　HNUS 品牌的画册

自由式的构图是指版面结构没有任何规律，设计者可随意编排构成，因此版面具有活泼、多变的轻快感。

4.3.12 自由式

自由式的构图是指版面结构没有任何规律，设计者可随意编排构成，因此版面具有活泼、多变的轻快感，它是最能施展创意的构图形式。自由式的构图需要把握版面整体的协调性。如图 4.3-14 所示，将退底处理后的产品图形在版面中自由放置，从而表现出自由、个性的感觉。

◎ 图 4.3-14 服饰杂志的内页

4.4 版式设计的视线法则

在版式编排过程中，设计者将画面中的视觉要素以特定的朝向或方式进行排列，以此对观看者的视线起到引导作用，从而形成版面的视觉走向。

版式设计中的视觉走向不仅能引导观看者对画面进行浏览，同时还能帮助版面规划布局，使版式的结构变得具有条理性。如图 4.4-1 所示，将最能表现主题的人物图片

NFL SUNDAY

KNOW THY ENEMY

Comeback kids: Rejuvenated QBs returning to a familiar stage

◎ 图 4.4-1 美国新闻报纸的版式

进行裁切，只保留人物面部的侧面，其深邃的眼神引导了观看者对画面内容的浏览方向。

4.4.1　版式设计的组织原则

版式设计的组织原则如图 4.4-2 所示。

1
鲜明主题的诱导力
2
形式与内容的统一
3
强化整体布局
4
技术与艺术的统一

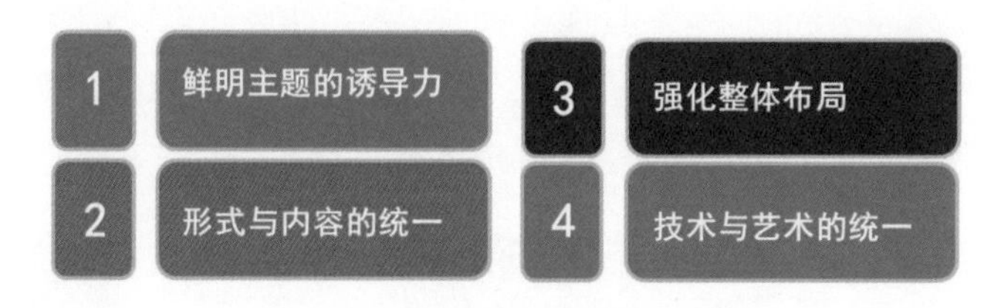

◎ 图 4.4-2　版式设计的组织原则

1. 鲜明主题的诱导力

要获得版面鲜明的视觉导读效果，可以通过版面的空间层次、主从关系、视觉秩序及彼此间逻辑条件的把握与运用来达到，如图 4.4-3 所示。在图 4.4-4 中，将画展的主题及画家的名字呈对角式重复排列，形成稳定构图的同时，使海报所要传达的重要信息可以持续地呈现给观看者，以强化记忆。

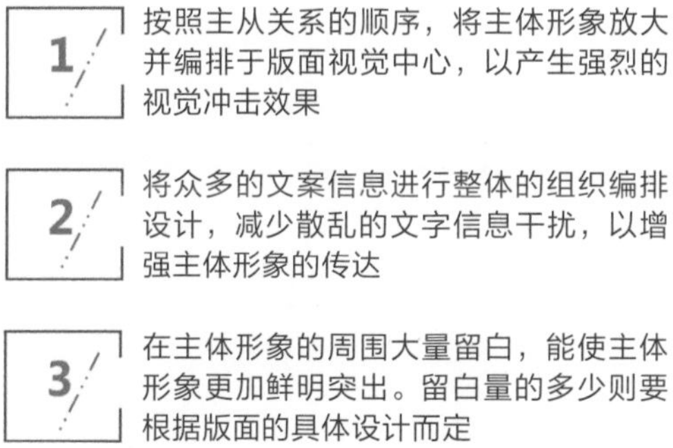

1
按照主从关系的顺序，将主体形象放大并编排于版面视觉中心，以产生强烈的视觉冲击效果
2
将众多的文案信息进行整体的组织编排设计，减少散乱的文字信息干扰，以增强主体形象的传达
3
在主体形象的周围大量留白，能使主体形象更加鲜明突出。留白量的多少则要根据版面的具体设计而定

◎ 图 4.4-3　获得鲜明视觉导读效果的方法

形於無
Beautiful Nothing
2019.5.25 4:00pm
2019 5.25 — 7.7
形於無
Beautiful Nothing

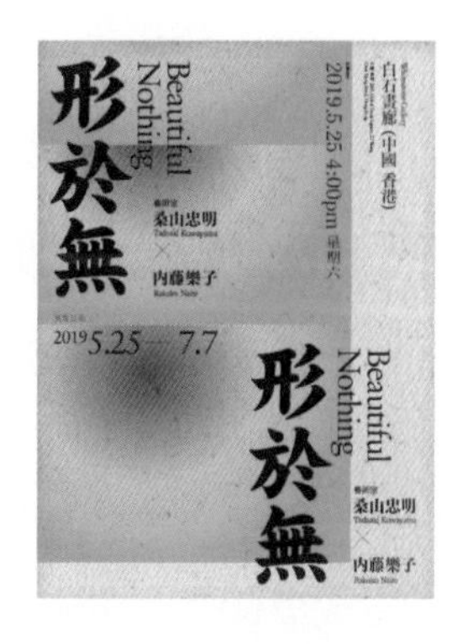

◎ 图 4.4-4　艺术家画展海报

2. 形式与内容的统一

个性化、艺术化形式美的设计本质是用来加强沟通与传播的，因此，版式设计所追求的完美形式必须符合设计思想主体的表达，这是编排设计必须遵循的原则及设计的先决条件。

（1）前提：形式应符合主题思想的内容。如图 4.4-5 所示，画面中没有出现任何一个完整的麦当劳 LOGO 与品牌名称，而是将“M”通过不同形式的排列组合，巧妙地与麦当劳的各种食材相结合，设计了一系列极简图形，将麦当劳系列产品逐一呈现。

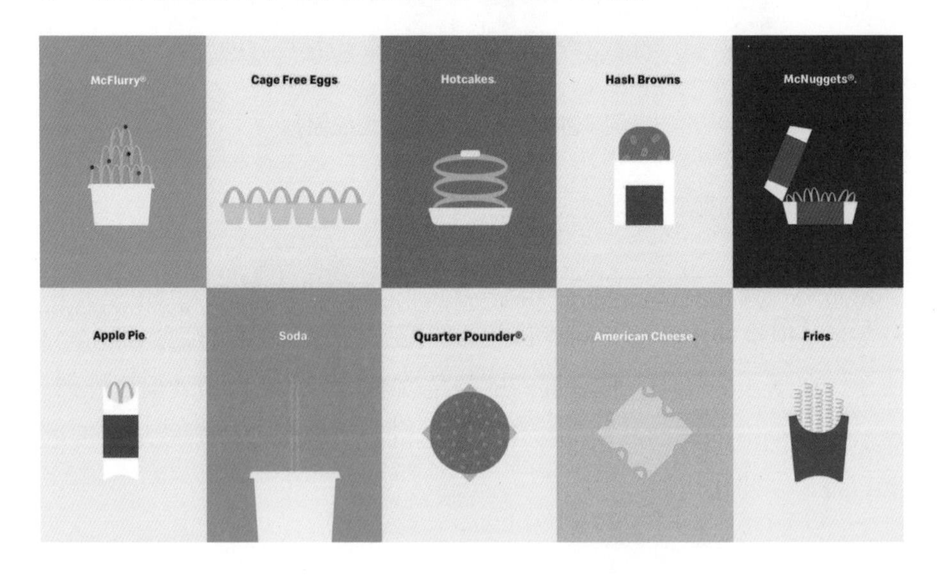

◎ 图 4.4-5　麦当劳 2020 年的平面广告

（2）错误现象：在版式设计中，形式脱离内容，缺乏艺术表现，以及空洞和刻板，都是要避免的。

3. 强化整体布局

将版面中各种排版要素，在编排结构及色彩上进行整体设计，以求整体的视觉效应。

获得整体性的方法如图 4.4-6 所示。在图 4.4-7 的网页设计中，通过消除额外的多余元素可有效地吸引观看者的注意力。

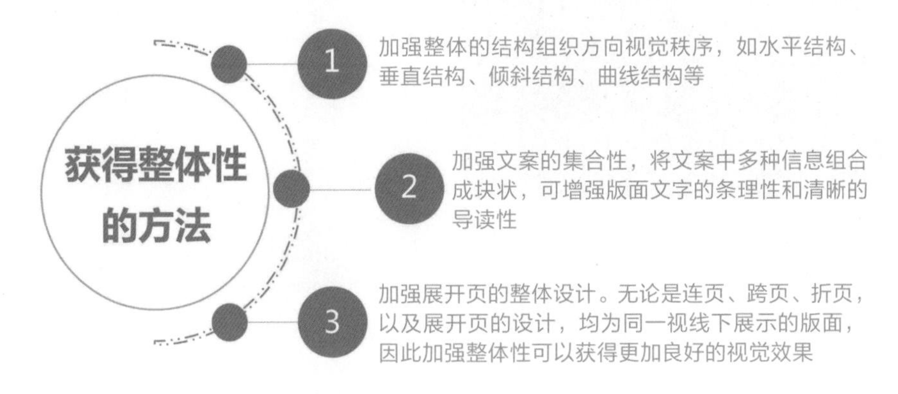

◎ 图 4.4-6　获得整体性的方法

◎ 图 4.4-7　Gigantic Squid 网站设计

4. 技术与艺术的统一

设计者应结合现代各种工艺技术进行作品的创作。如图 4.4-8 所示，以一个图文并茂的方式来展现《哈利・波特》充满着神奇、神秘和冒险的气氛。封面很简单，均用黑纸完全包覆，中间是用激光雕刻而成的插图，并以在黑暗中发光的方式来表现其“魔法”；内页则以立体卡片的形式绘制了与故事情节相关的趣味插图，可增加与观看者间的互动。

◎ 图 4.4-8 《哈利 · 波特》系列书籍的设计

4.4.2 明确版面的视觉流程

版式设计的视觉流程是一种“空间的运动”，是视线随各元素在空间沿一定轨迹运动的过程。这种视觉在空间的流动线为“虚线”。

视觉流程可以从理性与感性、方向关系、形式美等方面来分析。方向关系的流程可以分为单向视觉流程、斜向视觉流程、导向视觉流程等。

视觉流程运用的好坏是设计者技巧是否成熟的表现，如图 4.4-9 所示。

1. 带来简单视觉效果的单向视觉流程

单向视觉流程可以说是版式设计中最常见的一种视觉流程，它不仅在视觉传达上有直观的表现力，同时还具备简洁的组合子结构。在实际的版式设计中，根据编排方式的不同可将单向视觉流程分为两类。

横向视觉流程具备极其平缓的布局结构，因此它在视觉上总能带给人以平静、稳定的印象。

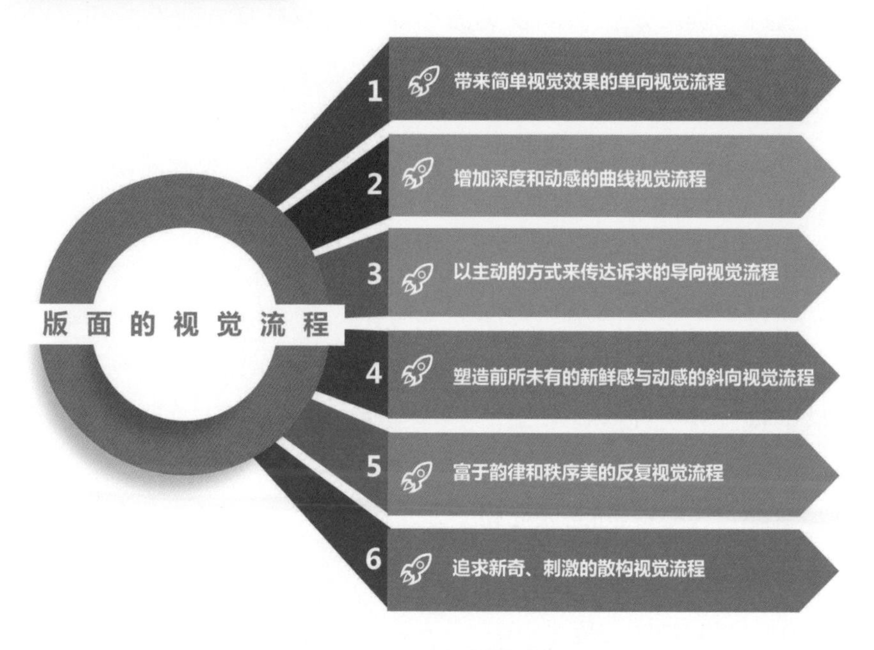

◎ 图 4.4-9　版面的视觉流程

1） 横向视觉流程

横向视觉流程又称水平视觉流程，在版式编排时，将版面中与主题相关的视觉要素以水平的流程进行排列，从而使画面形成横向的视觉流程。该类别的视觉流程具备极其平缓的布局结构，因此它在视觉上总能带给人以平静、稳定的印象。如图 4.4-10 所示，直接沿用了报纸类读物页面

◎ 图 4.4-10　报纸类读物在线阅读的网页设计

的排版布局方式，让用户即使在线阅读，也无须重新适应网页读物的阅读习惯，阅读起来，轻松自然，毫无障碍。

值得一提的是，横向视觉流程在版式中具有方向性，即可以通过对视觉要素的编排顺序，使版式呈现出向左或向右的方向感。当视觉流程朝向右时，与人的阅读习惯相符，因此会带给人以舒适、平缓的感觉；当视觉流程朝向左时，就会因为打破编排规则而使画面充满奇特感。如图 4.4-11 所示，将蝌蚪以统一的方向组合在一起，通过疏密有致的排列顺序使画面呈现出具有方向感和延伸感的横向视觉流程。版面主体汽车与蝌蚪颜色的对比，使其容易被人认知。同时大面积的留白，使主体图形更加突出。

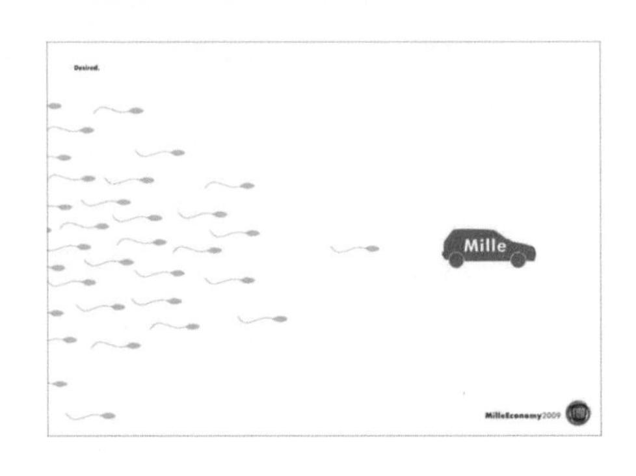

◎ 图 4.4-11　菲亚特汽车广告

2） 竖向视觉流程

竖向视觉流程又称垂直视觉流程，在定义和表现方式上与横向视觉流程相反，是指将画面中的主体要素以垂直的方式进行排列，从而形成版面的竖向视觉流程。该类视觉流程在结构上具备有序性与简洁性。如图 4.4-12 所示，小丑抬头望向上方的视线与电影名称形成了竖向视觉流程，整体版面效果深邃。

◎ 图 4.4-12　电影《小丑》的海报

在竖向排列的版式设计中，

通过对视觉要素的编排来改变画面的视觉重心，加强版面上方元素的表现，以此构成由上至下的视觉流程，从而带给观看者空间的下坠感；相反，则会产生空间的上升感。如图 4.4-13 所示，将杯子的照片放置在版面下方，密集有序排列的字母组合放置在上方，杯子的大体量与纤细的字母形成重与轻的对比，在视觉上给人以由下至上的上升感。杯子上方浮动的热蒸汽，产生了向上的视觉牵引力。

◎ 图 4.4-13　福杰仕的广告设计

2. 增加深度和动感的曲线视觉流程

曲线视觉流程不如单向视觉流程直接简明，但更具韵味、节奏和曲线美。它可以是弧线形“C”具有饱满、扩张和一定的方向感。也可以是回旋形“S”，产生两个相反的矛盾回旋，可在画面中增加深度和动感。如图 4.4-14 所示，巧妙地将磁带的带子自然伸展的弯曲状态与蜿蜒的道路相结合，充分表达出利用 MINI

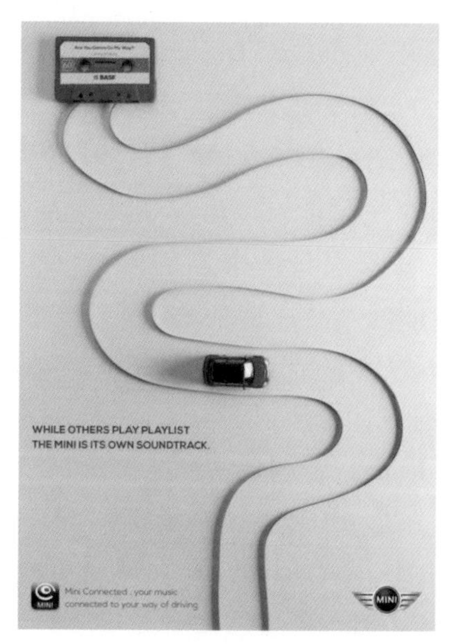

◎ 图 4.4-14　MINI Connected 互联空间站的广告设计

曲线视觉流程不如单向视觉流程直接简明，但更具韵味、节奏和曲线美。

Connected 互联空间站为用户实现妥当管理移动设备的诉求。

3. 以主动的方式来传达诉求的导向视觉流程

导向视觉流程是指版面透过诱导元素，以主动的方式来引导观看者对画面进行浏览，并同时完成对主题诉求的传达。无论是图形、文字还是色彩，都可以成为用来引导视线的编排元素，根据引导方式与版式结构的不同，可分为以下 5 种视觉流程：向心型、离心型、发射型、十字型和引导型。

1） 向心型视觉流程

将版面中的主体物以向版面中心靠拢的方式进行编排与组合，使观看者跟随版式的延展方向来完成浏览。除此之外，还可以将漩涡状的编排方式融入版式中，同样能使画面产生向内的视觉牵引力。如图 4.4-15 所示，版面中的文字以漩涡状的形式编排，使画面产生向内的视觉牵引力，形成画面的进深感。

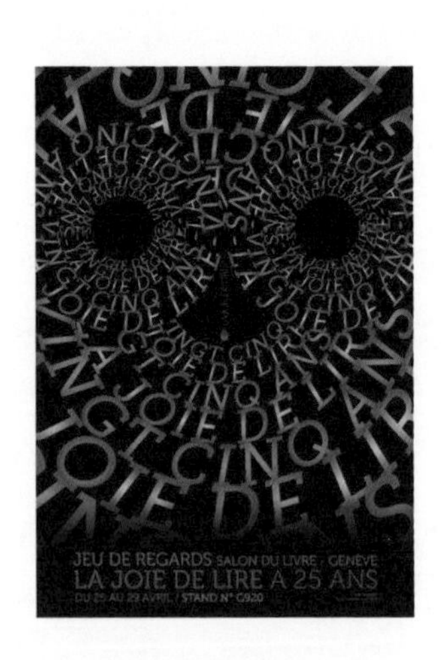

◎ 图 4.4-15 Fermin Guerrero 的海报设计

2） 离心型视觉流程

与向心型视觉流程相对应，离心型视觉流程的版式结构以扩散为主。简单来讲，将重要的视觉要素摆放在画面的中央，同时把辅助的要素以分散的形式排列在画面周围，以促使画面产生由内向外的扩散

向心型视觉流程：将版面中的主体物以向版面中心靠拢的方式进行编排与组合，使观看者跟随版式的延展方向来完成浏览。

效果。如图 4.4-16 所示，以中间的可口可乐瓶为中心，将大大小小的图形元素以核聚变爆发的形式排列，产生向外扩散的离心力。

◎ 图 4.4-16　可口可乐的广告设计

3） 发射型视觉流程

在表现形式上，发射型视觉流程与离心式视觉流程有着类似的地方，如创作发射型视觉流程时，可将视觉要素分为主体与辅体两部分，利用发散式的排列方式来突出主体物的视觉形象。通过发射型视觉流程，使版式的整体性得到加强与巩固，从而带给观看者一种和谐、统一的视觉印象。如图 4.4-17 所示，以版面底部的人物抓着气球的手为中心点，呈现出发散的形式。版面中颜色各异的气球所呈现的上升趋势，带给人以动感和活力。

◎ 图 4.4-17　One Show Design 海报类的获奖作品

4） 十字型视觉流程

将版面中的视觉要素以十

字或斜十字的形式进行交叉排列，通过这样的编排手法促使画面构成十字型的视觉流程。在十字型版式布局中，将要素间的交叉处作为画面的视觉焦点，将观看者的视线集中于此，如图 4.4-18 所示。

◎ 图 4.4-18　圣诺昂国家剧院的演出招贴

5） 引导型视觉流程

在版式的编排中，还可以利用一些具有方向性的视觉元素来引导观看者，使其按照预设的流程来完成对版面的浏览。在实际的设计过程中，某些特定的元素在视觉上都具有方向性，常见的有直线、箭头图形等。如图 4.4-19 所示，利用手指动作指向和具备方向感的黑色色块的倾斜趋势来引导观看者的视线流程，增强了版面的传达能力。版面中黑色色块具有变化的规整排列，给人以强烈的节奏感和韵律感。

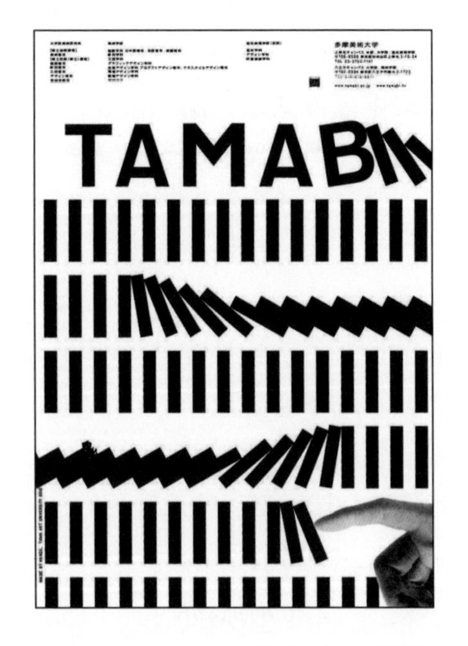

◎ 图 4.4-19　多摩美术大学的宣传画

4. 塑造前所未有的新鲜感与动感的斜向视觉流程

将版面中的视觉要素以倾

将版面中的视觉要素以倾斜的方式进行组合排列，以此构成斜向的视觉流程。带给人们前所未有的视觉新奇感与动感。

斜的方式进行组合排列，以此构成斜向的视觉流程。斜向视觉流程主要分为两种，一种是单向的，另一种是多向的。由于大部分版式都是以规整的布局方式来进行编排设计的，因此倾斜的排列方式将带给人们前所未有的视觉新奇感与动感。

1） 单向

单向是指视觉要素以单个指定的倾斜方向进行排列，这样的编排方式不仅能使画面的表现变得坚定有力，同时还强化了主体物的视觉形象，并提高了版式的关注度。如图 4.4-20 所示，将图形元素以单个倾斜的流程进行编排，使版面呈现出确定的视觉结构。以黄色为底的简单的配色，使图形元素更加清晰，提高了其传达效力。

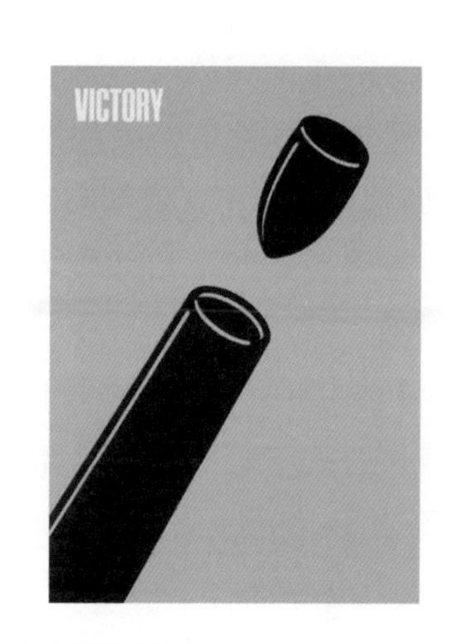

◎ 图 4.4-20 （日）福田繁雄的反战宣传海报

2） 多向

多向是指版面中的视觉要素以多个倾斜方向进行排列与组合，从而形成多向的倾斜视觉流程。该类版式结构具有不稳定性，因此使画面呈现出富于变化的视觉效果。在进行该类版式设计时，要注意理清画面的主次关系，避免出现杂乱无章的效果。如图 4.4-21 所示，文字和图片基本采用 45° 对角线的形式进行编排，以此形成多向的版式结构。版面中的文字也有部分呈水平方向排列，通过组合式的编排形

反复是指相同或相似的视觉要素进行规律、秩序、节奏的逐次运动，更富于韵律和秩序美。

散构视觉流程：版面图与图、图与文字间呈分散状态的编排。可产生自由随机性、偶合性的设计风格，强调空间和动感，以及求新、求刺激的心态。

式，使版面的节奏得到加强，布局更加丰富。

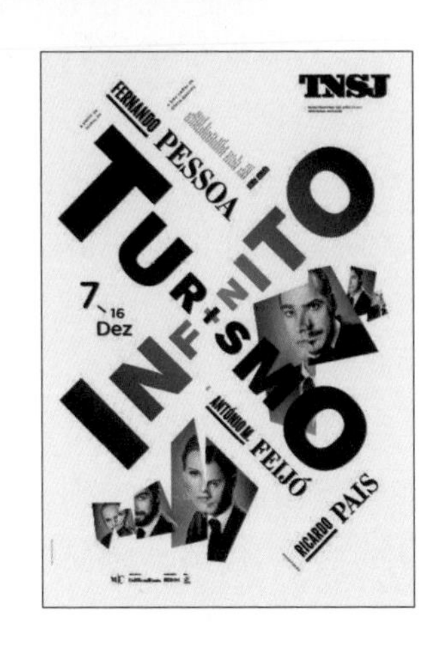

◎ 图 4.4–21　圣诺昂国家剧院的演出招贴

5. 富于韵律和秩序美的反复视觉流程

当相同或相似的视觉要素进行规律、秩序、节奏的逐次运动时，视线流动就会从一个方向往另一个方向流动。虽不如单向、曲线和重心流程运动强烈，但更富于韵律和秩序美。如图 4.4–22 所示，通过在灰色的背景上翻转具有比较强烈对比色的卡式内容区来达到一种类似于户外广告板的效果。

◎ 图 4.4–22　Type Connection 的网站设计

6. 追求新奇、刺激的散构视觉流程

散构视觉流程指版面图与图、图与文字间呈分散状态的编排。可产生自由随机性、偶合性的设计风格，强调空间和动感，以及求新、求刺激的心态，如图 4.4-23 所示。

◎ 图 4.4-23　散构视觉流程

4.4.3　建造摸不着但看得见的空间感

生活中的三维空间是看得见、摸得着、能深入的立体空间。而在平面编排中的三维空间，则是在二维空间的平面上建立的近、中、远、能看见的立体关系。它是假想空间，是通过借助多方面的关系来表现的，即比例、动静图像、肌理等因素。

比起平铺直叙的版面，空间感强烈的版面拥有更加丰富的表现层

通过改变比例关系营造空间感：在编排中，可以将主体元素或标题文字放大、次要元素缩小以建立良好的主次、强弱的空间关系，同时增强版面的节奏感和韵律美。

合理巧妙地进行画面元素位置关系的空间布局安排，前后叠压的位置关系、位置的主次关系都可以产生空间层次感。

次，视觉度也会更高。通过改变版面元素之间的大小比例、位置关系和黑白层次关系可以体现出版面的空间层次，如图 4.4-24 所示。

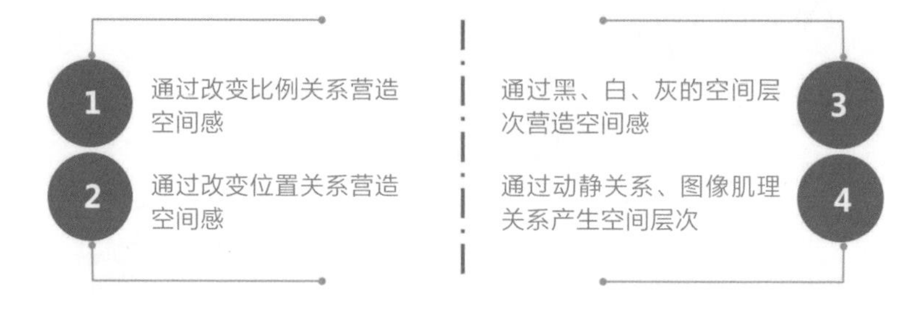

◎ 图 4.4-24　建造摸不着但看得见的空间感的方法

1. 通过改变比例关系营造空间感

营造平面的空间感，很大程度上是通过面来表现的，需要考虑近大远小所产生的近、中、远的空间层次关系。

在编排中，可以将主体元素或标题文字放大、次要元素缩小以建立良好的主次、强弱的空间关系，同时增强版面的节奏感和韵律美。如图 4.4-25 所示，版面的主体是文字。根据海报主题将文字进行分类有序的排列，文字的大小、字距、行距都进行了细致的设计，整体版面效果均衡、富有节奏。

◎ 图 4.4-25　海报设计

白色体现高光，灰色体现中间调，黑色体现阴影。通过这 3 种层次的对比，就可以体现出作品的空间层次感。

2. 通过改变位置关系营造空间感

空间感实际上是一种错觉，它的产生受多种因素的影响，如形的比例关系、位置关系等。应合理巧妙地进行画面元素位置关系的空间布局安排，如前后叠压的位置关系可以营造出空间感，将图片或文字进行前后叠压排列，就会产生具有节奏的空间层次关系，形成丰富的空间视觉效果。

位置的主次关系也可以产生空间层次感。重要的信息一般被安排在视线最先到达的位置，其他信息则与主体信息配合，安排在上或下的次要位置。如图 4.4-26 所示，人物画像占据版面的大部分面积，将文字部分及辅助图案全部置于画框下方，形成了主次分明，十分稳定的版面效果。

◎ 图 4.4-26　海报设计

3. 通过黑、白、灰的空间层次营造空间感

白色体现高光，灰色体现中间调，黑色体现阴影。通过这 3 种层次的对比，就可以体现出作品的空间层次感，这就是版式设计中的黑、白、灰原则。

在版式设计中，黑色、灰色和白色称为中性色。黑白为对比极色，单纯、强烈、醒目，最能保持远距离的视觉传达效果；灰色能概括一切中间色，柔和而协调。它们的近、中、远的空间位置，依据版面具动使版面充满活力，获得更高的注目度，静使版面冷静、含蓄，具有稳定的因素，两者在版面的组织上，以动为静，动为前，静为后，彼此以动静的对比关系建立空间感。

体的明暗色调关系而定。版式设计强调色彩的调性，一幅优秀的作品，色调应该是非常明快的，或高调、低调、灰调，或对比强烈，或对比柔和，反之则会混乱不清。如图 4.4-27 所示的海报，通过点、线、面及文字对黑白色调进行了交错处理，呈现出纵深复杂的立体空间感。

◎ 图 4.4-27　海报设计

4. 通过动静关系和图像肌理关系产生空间层次

动能使版面充满活力，获得更高的注目度；静能使版面冷静、含蓄，具有稳定的因素，两者在版面的组织上，以动为静，动为前，静为后，彼此以动静的对比关系建立空间感。如图 4.4-28 所示，画面左上方光影相叠的人物形象，生动展现出造型变化的动态过程。画面下方硕大的蚂蚁体态呈现出前进的动感，营造出电影跌宕起伏的故事情节带来的刺激氛围。

◎ 图 4.4-28　电影《蚁人》的海报

第 5 章

版式设计的应用

5.1 海报招贴的版式设计

海报招贴常见于公共场所，其版面大、表现力强、印刷精美、远视效果好、张贴时间长，以具有强大冲击力的信息传递方式吸引过往行人，能在瞬间给人留下深刻印象。它的传播力、影响力非常好，并有反复提醒的作用，是传统广告的重要形式之一。如图 5.1–1 所示，以《霸王别姬》中张国荣饰演的程蝶衣演唱贵妃醉酒时的华丽扮相为主，经典的场景剧照配上凄美的书法字体，画面效果十分绝美。在图 5.1–2 所示的海报中，文字与图形之间的互动叠加十分有趣，通过刻画文字的排版和细节来提升文字的视觉冲击力，具有高度的表现力与创造性。

5.2 平面广告的版式设计

进行广告版式设计时，可以根据人们的视觉规律进行引导。如通过画面中人物的动作、手势或箭头等具有引导性的因素引导人们的视线，达到很好的宣传意图。如图 5.2–1 所示，从 20 世纪七八十年代

◎ 图 5.1-1　2020 年电影《霸王别姬》韩国重映版海报

◎ 图 5.1-2　（波兰）Krzysztof Iwanski 的海报作品

◎ 图 5.2-1　Louis Vuitton 2020 年的平面广告

汲取灵感，以“时尚本身就是一本精彩的小说”为主轴，采用极具复古和魔幻的 24 种视觉效果打造出可穿戴式的异想图书馆，让每件服装都能讲述自己的故事，演绎出自己幻想的恐怖与科幻小说的主角。主角们的打扮都交织着过去、现在与未来等多种元素，品牌整体的形象既与 2020 年的愿景保持一致，也不失趣味性。如图 5.2-2 所示，用清洗的锅碗瓢盆组合成麦当劳的产品形象，直观展示其外卖服务给人们生活带来的便利。

◎ 图 5.2-2　麦当劳的外卖服务广告

5.3　书籍的版式设计

书籍设计是指书籍的整体设计，包括封面、扉页、目录、正文、插图等内容。设计者进行书籍装帧设计前应充分了解书的主题、内容、情节、读者、作者等，并根据相关信息进行设计定位，确定版面的形式语言和风格。选择需要突出的图片或文字，或图文结合，表现出或时尚前卫，或稚嫩活泼，或古雅深沉等风格。如图 5.3-1 所示，它是一本关于新加坡设计美学品牌的指引手册。除了与读者分享当地有趣的品牌介绍外，设计团队还与专业摄影公司合作，拍摄丰富的视频和访问纪录，将其中特定的品牌信息转换为有趣的创业故事。书籍以中等大小的笔记本相同，既具有代表性的品牌，也包含了一些精美而有当地特色的海报，其中以手绘的形式展现的新加坡地图更令人倍感亲切。

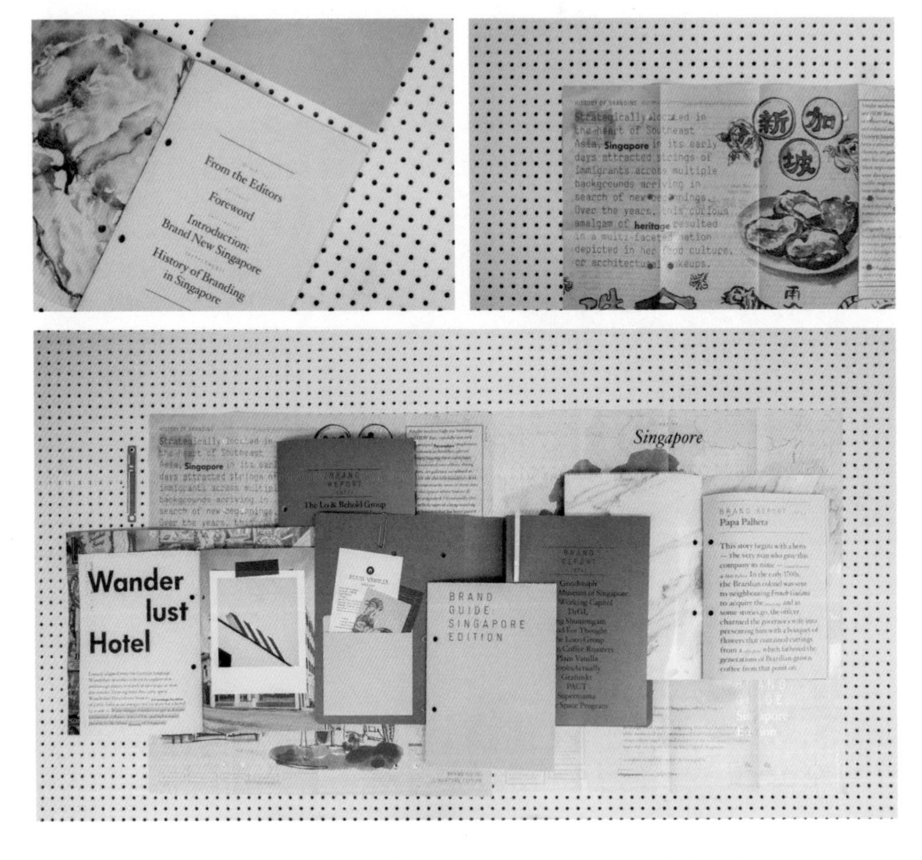

◎ 图 5.3-1　一本关于新加坡设计美学品牌的指引书

如图 5.3-2 所示为一本可以用活字排版的“书”，分为“排版内盒”与“图解纪录”两个部分：排版内盒将传统活字排版工具的“铅角”转换成“纸铅角”，让活字印刷变得简便且容易取得，阅读过图解说明后，还可实际操作活字排版；图解纪录的内容包括老师傅使用的排版工具、工法还有传统名片排版的步骤解说。另外，还特别收录“传统铅角尺寸比对图”，让读者在使用铅角时可以迅速对照铅角的尺寸，使有兴趣学习传统排版的人更容易入门。

◎ 图 5.3-2 《老师傅的排版桌》的版面设计

5.4 宣传画册的版式设计

宣传画册是使用频率较高的印刷品之一，内容包括企业、商场介绍，文艺演出、美术展览的内容介绍，企业产品的广告样本，年度报告，交通、旅游指南等。在现代商务活动中，画册在企业形象推广和产品营销中的作用越来越重要。宣传画册可以展示企业的文化、传达理念、提升企业的品牌形象。企业宣传画册起着沟通桥梁的作用。

图 5.4-1 所示的作品集收录了工艺美术大师潘汾淋的作品。他的

创作灵感主要来源于儿童时期对大自然一草一木、一虫一蚁的细微观察和返璞归真的愿望。这本画册在题材形式的选择上，力图展示现代生活气息，其带有浓厚的趣味性和感情色彩。画册的版式设计紧扣作者的创作风格和作品特点，注重布局的空间感，图文的合理搭配、适当的留白，淋漓尽致地把每个作品展现在读者面前，给读者以身临其境的感觉。

◎ 图 5.4-1　潘汾淋作品集的设计

如图 5.4-2 所示为一本描述“广府文化周”系列活动与解析广府文化的画册，目的是纪录本届“广府文化周”及传播广府文化，让读者更全面深入地了解和认知源远流长的广府文化。画册的设计风格极富广府文化特色，其中有些内容的排版利用了分栏对齐的方式，内容的设计不仅体现了字体编排的趣味，丰富了人的视觉感受和美化人的生活，还充分利用配图与文字间美的法则关系，有效地传播了传统文化信息。

对于杂志而言，版式设计有时比封面设计还要重要，它直接影响读者的阅读体验，一本好的杂志应该对内文的字体、字号、字距、行距及版心的大小位置，包括与图片、图形的组合进行推敲，最大限度地满足读者阅读的需要。

◎ 图 5.4-2 《源远流长溯广府》画册设计

5.5 杂志的版式设计

杂志的版式设计直接影响读者的阅读体验，一本好的杂志应该对内文的字体、字号、字距、行距及版心的大小位置，包括与图片、图形的组合进行推敲，最大限度地满足读者阅读的需要。如图 5.5-1 至图 5.5-4 所示为不同风格的杂志版式设计。

◎ 图 5.5-1　极简风格——Spine 季刊杂志版式设计

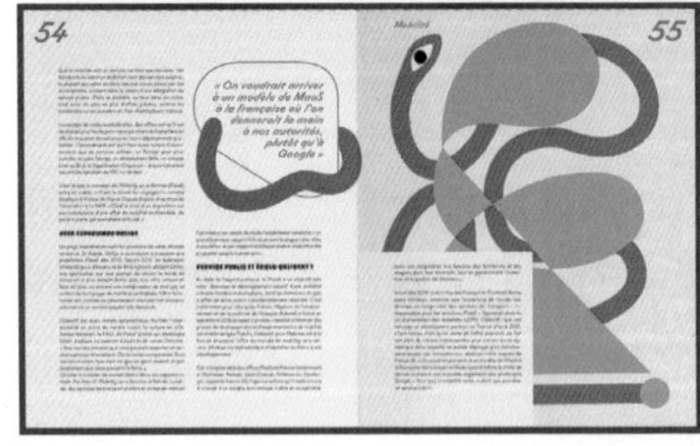

◎ 图 5.5-2　复古风格——Yellow Vision 杂志版式设计

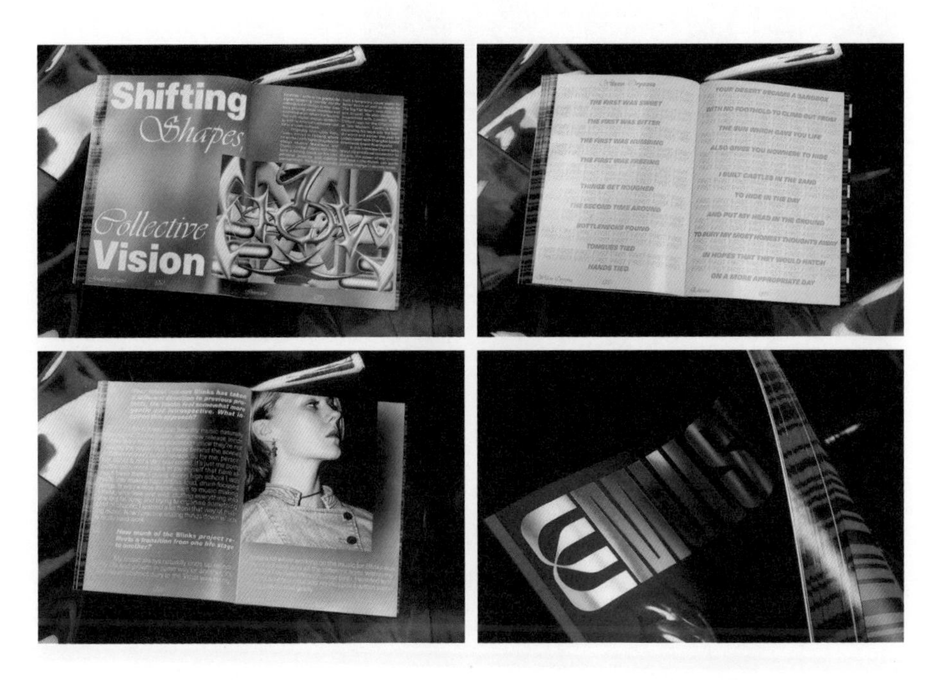

◎ 图 5.5-3　未来风格——Emulsion 杂志版式设计

◎ 图 5.5-4　清新风格——植物杂志 Herbaria 版式设计

报纸被称为“现代四大广告媒体之首”，是重要的广告媒体。它具有迅速、广泛、全面地反映社会各个阶层动态的优点，因而成为现代文明最重要的宣传工具。“简洁、易读”是现代报纸设计最为突出的特点。

5.6 报纸的版式设计

报纸被称为“现代四大广告媒体之首”，是早在 18 世纪就已经风靡欧洲的重要的广告媒体。它具有迅速、广泛、全面地反映社会各个阶层动态的优点，因而成为现代文明最重要的宣传工具。报纸的版面在设计中一定要遵循“主次分明、条理清楚、既有变化、又有统一”的原则，恰当地留白守黑，灵活地运用灰色，通过对黑、白、灰的巧妙安排（这里的黑、白、灰主要是指照片、题图、插图、底纹之间形成的色调关系），从而形成一种张弛有度、疏密有致、有轻有重的节奏，如图 5.6-1 所示。

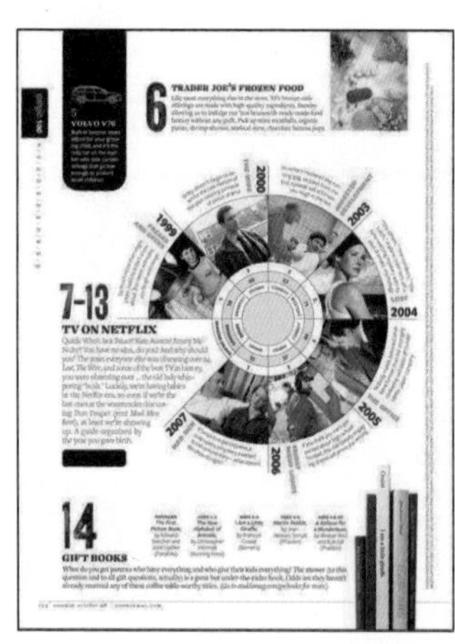
6
TRADER JOE'S FROZEN FOOD
VOLVO V70
7-13
TV ON NETFLIX
14
GIFT BOOKS

E
Health
AFTER
SURGERY
MAXIMIZE WORKOUT BY GIVING IT A REST

LOCAL NEWS
Close-Up
Coke's 100th

◎ 图 5.6-1 报纸的版式设计

5.7 包装的版式设计

商品的包装是消费者接触最多的。由于时代的发展，消费者对购物的态度发生了巨大的变化，商场的导购员越来越少，这必然会导致包装与消费者之间发生面对面的沟通，所以一个好的包装设计必须确实地提供商品信息给消费者，并且让消费者在 60 厘米处（一般手臂的长度）、3 秒钟的快速浏览中就能一眼看到想要的商品。因此一款成功的包装设计可以让商品轻易达到自我销售的目的。如图 5.7-1 所示，这是两个新品种咖啡——增加 30% 的咖啡因“Boost”和低咖啡因咖啡“Relax”，一种在白天喝，包装采用热情的红色，充满活力的插图设计，让人精神百倍；另一种在晚上喝，包装采用宁静的蓝色，令人放松的插图设计风格，表示就算喝了咖啡也能让人安然入睡。如图 5.7-2 所示的“上林苑”高端茶叶包装设计，以汉代“上林苑”为名打造极具奢侈感的茶空间，坚实的文化底蕴可以让品牌拥有源源不断的生命力。整体设计语言沿用西方国家对中国风土人情视觉表现的创作逻辑，选取场景包括寻茶过程中的求索，精耕细作的品质构思，以及制茶途中的典故趣闻，消费者可以从中更准确地感知品牌的特性。

◎ 图 5.7-1　Kulta Katriina 咖啡包装设计

网页版式设计是随着计算机互联网的产生而形成的新的平面设计分支，是网页版式设计者依照设计要求规划构成元素进行艺术设计的活动。网页版式设计有着特定的显示空间，主要是在光学的媒介物（如计算机屏幕）上显示，要求在近距离与受众较长时间地打交道，需要在保证界面友好和功能性的前提下提高美观度、吸引力和视觉舒适感。

◎ 图 5.7-2 “上林苑”高端茶叶包装设计

5.8 网页的版式设计

网页版式设计是平面设计领域的新贵，是伴随着计算机互联网的产生而形成的新的平面设计分支，是网页版式设计者依照设计要求规划构成元素进行艺术设计的活动。网页版式设计有着特定的显示空间，主要是在光学的媒介物（如计算机屏幕）上显示，要求在近距离与受众较长时间地打交道，需要在保证界面友好和功能性的前提下提高美观度、吸引力和视觉舒适感。

如图 5.8-1 所示，在主页设置了一个主人公的角色，与用户建立起紧密的情感联系，让其有进一步探索的欲望；柔和的颜色和简单的字体让访客产生一种好像在与主人公交谈的感觉；友好的设计和简单的导航与背景视频融为一体；单击菜单栏时，屏幕会分割成两部分。这样访客在浏览相关信息时，视频也在屏幕另一边同步播放，这样可以达到吸引访客的注意力，创造有趣的体验目的；主页设计让人充满积极的能量，并自然而然地产生一种“内部”视角。

◎ 图 5.8-1　MEETTHEGREEK 网页设计

5.9　App 界面的版式设计

手机 App 的界面看似只由几个简单的元素组合而成，所有元素的绘制可以说比较简单；然而，当一个产品原型出来后，设计者如果单纯按原型来进行设计而不考虑信息化规则，那么很多时候就会出现不协调的效果，因此界面设计对 App 版式的应用相当重要。好的界面设计不仅能让产品变得个性化、有品位，还能让操作变得舒适、简单，充分体现产品的定位和特点。如图 5.9-1 所示，采用瀑布流的形式展现图片内容，无须用户翻页，新的图片可不断自动加载在页面底端，让用户不断地发现新的图片。

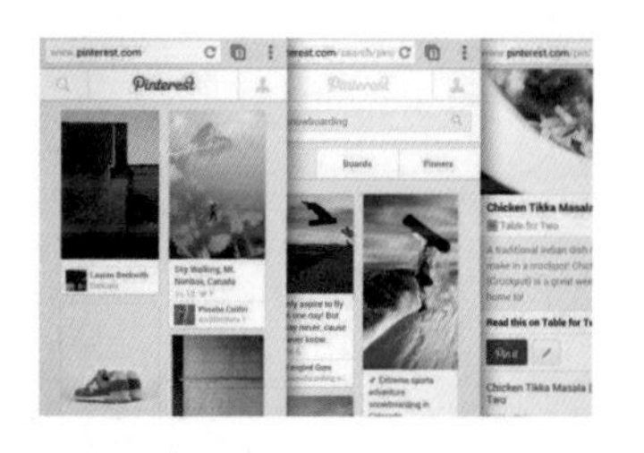

◎ 图 5.9-1　Pinterest App 界面的版式设计（1）

下面对 Pinterest App 界面的版式设计进行介绍，如图 5.9-2 所示。

（1）启动画面：Pinterest 所关注的不是功能，而是用户的需求。应用上并不谈论图片、分享、社交媒体等，仅仅单纯的陈述人们该如何使用它，如何利用它来更好地生活。因此不停移动的镜像画面，展示了应用上的趣味和图片特色。

（2）搜索过滤：Pinterest 的搜索过滤有着很好的体验反馈，也让它从千篇一律的 iOS 搜索设计中显得独具特色。

（3）浏览：没有太多突然的切换，只是静态状态的逐步转换。如此精巧的切换、进入，打造了绝妙的流畅体验。

（4）滑动刷新：对于载入指示符的设计，Pinterest 的设计简明，拥有很好的体验，这充分显示出其产品的卓越。

（5）关注提示：动态进行提醒强调，显示了 Pinterest 的极简设计风格，引导着来自不同地区的用户。

（6）滚动：当用户返回到顶部，这个标题栏的文本“Plants”会轻微地弹动消失，这个流动的设计十分出色和生动。

（7）阅图：当用户在浏览图片时，Pinterest 的新窗口会按比例弹出，主图则作为背景模糊的样式。

（8）点赞：用户可以为自己喜欢的图片点赞，这些细节让这款应用更生动且富有个性。

（9）操控：渐淡而慢慢移出视线的图片切换，底部增加的深度及图片的有形性都在体现着设计者的用心。

（10）即时互动：在主要版面轻击图片即可跳出扁平的、活动的图标，这个操作是具有标记意义的，让用户可以即时点赞或分享图片给朋友。

（a）启动画面　（b）搜索过滤　（c）滑动刷新　（d）关注提示

（e）阅图　（f）点赞　（g）操控　（h）即时互动

◎ 图 5.9-2　Pinterest App 界面的版式设计（2）

参考文献

[1] 倪伟，陈虹．字体设计［M］．上海：上海人民美术出版社，2015.

[2] 红糖美学．版式设计从入门到精通［M］．北京：中国水利水电出版社，2019.

[3] 杨诺．平面构成原理与实战策略［M］．北京：清华大学出版社，2017.

[4] Sun I 视觉设计．平面设计法则［M］．北京：电子工业出版社，2016.

[5] ArtTone视觉研究中心．版式设计从入门到精通［M］．北京：中国青年出版社，2016.

[6]（德）韦格．平面设计完全手册［M］．张影，周秋实，译．北京：北京科学技术出版社，2015.

[7] 胡卫军．版式设计从入门到精通［M］．2版．北京：人民邮电出版社，2019.

[8]（美）John McWade. 超越平凡的平面设计：版式设计原理与应用［M］．侯景艳，译．北京：人民邮电出版社，2010.

[9]（美）阿历克斯·伍·怀特．平面设计原理［M］．王敏，译．重庆：重庆大学出版社，2015.

[10] 何鹏，谈洁，黄小蕾．版式设计［M］．北京：中国青年出版社，2012.